城市更新的眼动追踪诊断

陈　筝 等著

同济大学 出版社
TONGJI UNIVERSITY PRESS
·上海·

图书在版编目（CIP）数据

城市更新的眼动追踪诊断 / 陈筝等著 . -- 上海：
同济大学出版社，2022.12
ISBN 978-7-5765-0460-6

Ⅰ . ①城… Ⅱ . ①陈… Ⅲ . ①眼动—视觉跟踪—应用
—城市空间—环境设计 Ⅳ . ① TU-856

中国版本图书馆 CIP 数据核字（2022）第 208440 号

本书获国家自然科学基金面上项目"基于实景体验计算的城市街道景观风貌精准修补"
（51878461）资助。

城市更新的眼动追踪诊断

陈　筝 等著

策划编辑　　孙　彬
责任编辑　　孙　彬
封面设计　　张　微
版式设计　　朱丹天
责任校对　　徐春莲

出版发行　　同济大学出版社　www.tongjipress.com.cn
　　　　　　（地址：上海市四平路 1239 号　邮编：200092　电话：021-65985622）
经　　销　　全国各地新华书店
印　　刷　　浙江广育爱多印务有限公司
开　　本　　890mm×1240mm　1/32
印　　张　　8.125
字　　数　　218 000
版　　次　　2022 年 12 月第 1 版
印　　次　　2022 年 12 月第 1 次印刷
书　　号　　ISBN 978-7-5765-0460-6
定　　价　　98.00 元

序

　　非常荣幸能为陈筝老师的这本著作《城市更新的眼动追踪诊断》写序。我和陈筝教授在环境心理学和健康环境研究方面有多年的合作。她对于研究技术和方法的不断探索和创新的热情,不仅点燃了我,也激发了周围很多年长与年轻的研究人员的兴趣。她一直都是环境设计研究领域中对技术和方法热情最为高涨的学者之一。这本专著毫无疑问是她和科研团队深入探索这一研究领域的里程碑。

　　眼动追踪一直吸引着我们,吸引我们扑进那扇通往心灵的窗户。它似乎具有神奇的能力,能够让我们观察到人们的浏览与关注,这是与大脑具有很强的关联的神秘所在。我们希望眼动追踪技术能帮助我们了解人们所想、所感、所神往、所困惑以及所迟疑。眼动追踪技术工具原先只为少数人所用,现在它被用来评估和改进不同设计阶段的研发工作。21 世纪以来,眼动技术变得更容易获得,也更容易使用。随着我国大力加强高校研究机构的科研投入,各个以建筑、景观、规划学科见长的高校,都把眼动追踪工具作为实验室的标配,希望眼动追踪能像显微镜一样洞悉使用者所想,但似乎我们的希望经常会落空。

　　我们希望眼动追踪技术能为我们的研究提供帮助,特别是以使用者为核心的体验方面,包括产品、界面、立面、空间、行为、环境等,眼动研究成为一些所谓硬核研究技术中不可或缺的一部分。眼动追踪技术无疑为理解环境认知过程提供了一个可供窥视的工具。它是一种在毫秒级跟踪人眼瞳孔位置移动和大小变化的精密仪器。按照阿加博伊科的说法（2019），眼动追踪主要可用于工程心理学的研究、设计研究、用户研究和设计评估。按照这个分类，陈筝教授的这本书涵盖了全部的四种研究内容。

既然针对眼动追踪技术的研究已经开展了很多年，这项技术对于环境认知和用户体验的基础性工作具有重要的支撑作用，那为什么多年以来，它在建筑、景观、规划研究方面始终没有居于核心地位或成为重要工具呢？我以为有以下几个原因。

1）数据分析方法上的挑战

眼动仪所提供的众多数据在常规条件下不容易分析，很多研究通常提供热力图，但是其他数据分析很少，不能准确提供对研究问题的解释。注视时间、频率、移动轨迹的分析较少，也不容易获得令人信服的结论。眼动追踪技术难以取得确切的数据，导致实验成本很高但收效甚微，结果与有效性都偏弱，这既与研究问题的设定有关，又与眼动分析的能力有关。一方面，眼动分析对研究被试的视觉条件有一定要求，并且越来越依赖于计算机视觉技术的发展；另一方面，与AOI（area of interest，兴趣区）的区域设定有关，过去研究人员需要手动标定AOI，费时费力，目前的解决方法是请供货商提供AOI区域的自动标定，但这也会带来学术研究上的困扰。

如何划定AOI一直都是困扰研究人员的问题之一。这个分析工具帮助研究人员计算定量的眼动指标。这些指标一般包括注视点数量、长度等。使用这个工具可以在眼动记录视频内圈出需要分析的刺激物的边界，这个刺激物可以是网站上的一个弹窗，也可以是绿地上的一把椅子。AOI统计出相应分析区间刺激物边界内的眼动数据，是眼动分析的核心要点。目前的好消息是借助各种算法的迭代以及计算机视觉技术的发展，当前的分析困境正在逐步解决，包括语义分割技术在内，各种算法都在被引入眼动仪数据分析中。

2）研究方法上的挑战

眼动分析依赖于精准的实验设计。由于数据分析技术的困难，导致实验设计的要求更精准。研究问题设定、眼动数据与自变量之间的假设，特别是实验控制的技巧等，都成为实验设计的关键。另外，注意力在日常生活中不是随机的，而是与目的绑定的。这是生态心理学的核心观点。目前大量的环境设计研究中，眼动任务的目的性并不强，这可能是导致实验分析结果不佳的重要原因。

既然对环境信息是主动筛选的，那么我们怎么描述筛选时的偏好呢？在空间的探索中，不同的情境和目的会导致不同的关注，若没有清晰的任务引导，往往无法达到期望的实验效果。书中陈筝教授列出了雅布斯眼动实验，她喜欢雅布斯眼动实验的原因，在于它赋予了观看者明确的行为任务，这于我心有戚戚焉。

诚如书中所言，大部分风景园林及相关设计专业的眼动实验都是没有任务指示的自由观看。这可能是由于风景园林涉及的环境一般都是复杂环境，需要较为复杂的高级认知推断，比如宜人性、安全性、可进入性等，很难赋以像雅布斯这样效果显著的任务。也因为如此，设计学科关于空间、环境的眼动实验会比网页和产品的眼动研究更难发现显著的差异或规律，或者更难被解释。

3）环境设计研究本身的挑战

基于环境设计研究固有的旨趣，我们更热爱自然现场环境。那么，目标客体与周围环境、行为之间的关系就成为研究重点。在这方面，眼镜式眼动仪（Glass）可以让被试者在现场环境中佩戴。此外，还要在实验室环境中更惟妙惟肖地还原现场环境的各种因素，这些都需要很高的实验设计技巧。譬如虚拟环境的眼动实验中，虚拟眼动仪的应用要和包括虚拟人在内的各种环境要素结合起来，这对实验设计提出了很高的要求。当前设计领域中场景营造的呼声很高，按照我的观点，眼动追踪技术可以为这个研究领域贡献关键性的支持，但是这方面我们的工作还不到位，有信服力的研究案例还很少。究其原因还是场景营造的各种因素在眼动研究的还原不到位，分析技术的自信不够，是知难而退的结果。我认为这是亟须纠正的观念，眼动研究应该成为场景研究的核心技术手段。

另外，传统的 AOI 一直都是静态分析的，现在更需要动态 AOI 工具，这会比静态 AOI 更有效，因为在视觉环境中，动态的人或物都会比静态环境抓取更多的注意力，目前有些厂商也提供动态 AOI 工具。这个对于环境设计研究是很重要的。总体来说，眼动分析的大规模拓展不仅取决于眼动仪的价格降低，更取决于眼动数据分析技术的关键性提升。

以上挑战是我作为眼动技术研究人员的体会。我显然谈不上是眼动技术的专家，最多是这个技术的使用者，我不能给出上述挑战的具体解决方案。这是陈筝教授这本著作的意义所在，她在这本著作中向我们展示了如何在三个不同的环境设计研究中，具体使用眼动跟踪技术，并将其与城市更新设计结合在一起。她不仅应对了上述学术上的挑战和困扰，还把研究与设计完美结合。

毫无疑问，这是环境设计研究领域在眼动研究方面的最新成果。在这本书中，我们看到了不同类型眼动仪使用的研究故事。眼动追踪的研究尽管困难重重，陈筝教授在几个实验中，如分解动作一般把过程解释得清清楚楚。这展现了她积累多年的理论与技术的高超素养。她在眼动仪使用方面娴熟的技巧、巧妙的实验设计以及实验数据的分析策略，展现了很强的说服力。当然更深刻的思考来自这些研究如何帮助更新设计，这是成熟的研究人员不敢松懈分毫之处。

祝贺陈筝老师的新作问世！

徐磊青

2022 年 10 月

前　言

建成环境设计需要怎样的应用研究

人们为什么会喜欢或讨厌某条街道或某个广场？他们为什么选择在这个座椅坐下而不是旁边那个？为什么每次进入这个小花园总让人特别放松？作为设计师，我们常常会花大量的时间去揣摩使用者的心理活动，去推敲我们的设计将会如何被感受、被使用。这些隐藏在使用者内心深处的感受和动机，是设计师最关心的问题之一，也是最神秘、最难被科学解密的问题之一。

包括眼动追踪、电生理、运动追踪在内的一系列生物传感器，提供了一种像高倍显微镜一样可以探究使用者部分心理活动的可能。这些技术正在变得越来越轻巧且便宜，并逐渐开始从实验室走向生活应用。也许是预判到眼动追踪在交互闭环上重要的应用前景，苹果公司在 2017 年悄无声息地收购了眼动追踪领域最尖端的德国 SMI 公司，并开始探索眼动追踪技术在移动终端上的应用可能。

想要驾驭这些强大的新技术，让它们为设计所用，还不是一件容易的事情。以眼动追踪为例，早在 20 世纪 90 年代就已经应用于风景园林研究 [1]。经过近 30 年的发展，虽然不断有优秀研究涌现，但可能并不能说找到了适合建成环境设计学科的系统性研究范式。相比之下，在交互设计和用户体验研究、驾驶人因等领域貌似开始逐渐形成眼动研究范式的雏形。为什么这些学科可以更快地从眼动追踪技术中获益？建成环境设计的差异在哪里？这些问题让我开始反思。相比另外两个学科，似乎有更高比例的建成环境设计学科研究在探索基本规律。以上述 90 年代眼动先驱研究为例 [1]，作者采集了人们自由观看风景照片的眼动轨迹，通过因子分析等统计方法找到了观看眼动的某些普遍规律，另外还发现了不同人群间的某些差异。

　　寻找规律是基础科学的核心问题，其重要性和伟大意义毋庸置疑；但应用学科不能照搬基础科学的科研路子，这是历史学研究得到的共识。我想先讲一个发人深省的故事。美国物理学家亨利·罗兰（Henry Rowland）和英国电气工程师弗朗西斯·霍普金森（Francis Hopkinson）分别在 1873 年和 1879 年独立发表了直流电机的工作特性曲线，该曲线描述了发电机输出电压和电流的关系。霍普金森敏锐地意识到了该曲线对于直流电机工程设计的价值，爱迪生电机因此得以优化，工作效率大幅度提升。而同样发现了这个曲线的罗兰却完全忽视了该曲线的应用价值——"因为他在找的是本质规律，而不是设计原则"（Rowland missed the significance of his discovery because he was looking for a law of nature, not a design principle）[2]。

　　我们再回到建成环境设计的眼动研究。从科学性来讲，建成环境眼动研究并不输给交互用研和驾驶人因；但从应用性来讲，它们中相当一部分研究都更偏向探索规律的基础研究，而缺乏清晰的实践应用场景。这可能是建成环境眼动研究范式落后于交互用研和驾驶人因的原因之一。建成环境学科的研究和实践结合不紧密，难以形成循证闭环可能是较为普遍的现象。以风景园林为例，我的师兄马修·鲍尔斯（Matthew Powers）系统性回顾过美国《景观学刊》（*Landscape*

Journal）前 25 年的稿件，统计发现大部分研究仅提供了笼统的简要结论（45%）、新知识（23%）或新知识的综合成果（22%），而少有直接提到设计理论框架（2%）、设计导则（2%）和非实施性设计建议（6%）等实践应用 [3]。

应用学科需要自己的知识工具。与基础科学不同，应用学科的知识工具需要满足工程实用中的便利性，这种工具将科学原理封装到具体工程场景中，从而实现基于工程目的的跨案例知识归纳，进而推进循证实践的知识闭环。航空学家沃尔特·文森缇（Walter Vincenti）列举史实说明 [4]，航空学家并未直接采用物理学家常用的等摩尔分析（control-mass analysis）模型，而是提出了等容分析（control-volume analysis）模型。虽然是描述同样的热力学定律，两个模型却有不同的适用场景。等摩尔模型涉及的气体是不变的，所以方便解释；后者等容模型的构造、控制、测量更简单，所以方便实现。工程师并不需要像科学家那样知道具体细节，比如究竟容器内哪些气体是原来的哪些是新的，它们各自变化前后状态如何；只要能够清晰地划定一个合适的分析边界，就可以把边界内的细节划入黑箱。在这个问题的指引下，文森特反思了航空学的发展历程，写了一本专著来讨论应用学科应当如何创造知识工具，以及如何生产知识为应用实践服务 [5]。

我们能否改进调整现有的眼动分析方法，创造类似等容模型这样的应用性知识工具，让它们更好地服务于建成环境设计？那么这种工具改进可以怎么做？抱着这样的想法，环境智能健康设计分实验中心依托国家自然基金面上项目"基于实景体验计算的城市街道景观风貌精准修补"（51878461），利用眼动追踪工具，尝试探索如何为设计实践提供可能的科学实证支撑或应用性知识工具。希望能够为如何科学引导使用者的空间感受和行为提供参考，并在此基础上探索可能的循证设计尝试。

本书的架构

本书分为三个部分。

第一部分"眼动追踪支持的理论基础"，尝试回答"眼动注意力数据可以如何帮助设计师实现特定设计目的、了解使用者感受和动机"，希望可以帮助设计师理解眼动数据的应用价值，为研究者建构理论框架提供参考。第一部分分为两个章节，从应用需求和理论建构两方面勾勒出本书的知识框架。其中第 1 章"城市更新的新需求"解释了为什么在城市建设的这个新阶段需要面向具体问题进行具体诊断的新工具，以及为什么眼动追踪可以起到重要的作用。第 2 章"注意力的设计"是本书的方法论基础。设计师很多时候都是通过对空间和界面的操纵，从而实现对注意力的操纵，引导人们形成特定感受或发生特定行为。有不少设计理论或原则可以还原成这种认知心理学问题。从心理学角度看，注意力是这个认知过程中的关键调控因素，而设计常常是通过注意力引导实现的。眼动数据恰好能精准地捕捉到设计对于注意力引导的效果。第 2 章围绕"空间设计如何科学地引导注意力"这个问题构建理论体系，并梳理面向空间设计的注意力可视化工具。

第二部分"眼动追踪支持的风貌诊断"，尝试理解并诊断具体空间中人的感受和行为，这类似设计初期的传统环境感受和使用调研，是眼动追踪支持下的升级版。该部分围绕上海南京路步行街这一经典设计案例，针对传统调查中如风貌感受、游览意愿等问题，以及设计师关心的关键风貌要素，结合眼动数据来解读其背后的认知和注意力加工过程。第二部分也分为两个章节。第 3 章是探索性研究，我们采用了头戴式眼动进行现场实景实验从而锁定了夜景照明、户外广告、风貌建筑和休憩设施等四个关键景观风貌要素。第 4 章是控制性研究，我们采用了桌面式眼动进行实验室控制实验，并对上述四要素以及南京路分段特征进行了更细致的研究。

第三部分"眼动追踪支持的循证设计"，尝试围绕典型设计问题来建构研究，让证据能够支持设计决策。这部分工作由环境智能健康设计分实验中心和上海同济规划设计研究院有限公司城市设计研究院城景所紧密合作完成的，分别涉及成都三道街、上海沪太支路、成都公行道的街道更新改造。这三个项目是两方经过多次讨论和筛选共同确定的选题，分别就分隔带绿化遮挡、住区社交促进、街道围墙透绿三个城市更新中常见且与注意力引导密切相关的典型设计问题进行了探索。其中第 7 章成都公行道在具体应用场景上进一步结合了基础研究，尝试总结面向空间设计的知识工具。我们将注意力统计由传统的二维画面分析换算成更适合建成环境设计学科的三维空间分析，比如把眼动研究经典的二维"兴趣区"（area of interest）统计口径换算成三维，提出"兴趣空间"（space of interest）概念，等等。

陈筝及其科研团队

同济大学高密度人居环境生态与节能教育部重点实验室

环境智能健康设计分实验中心

2022 年 10 月 1 日

参考文献

[1] DE LUCIO J, MOHAMADIAN M, RUIZ J, et al. Visual landscape exploration as revealed by eye movement tracking[J]. Landscape and Urban Planning, 1996, 34(02): 135–142.

[2] LAYTON E T. Mirror-image twins: the communities of science and technology in 19th-century America[J]. Technology and Culture, 1971, 12(04): 562–580.

[3] POWERS M N, WALKER J B. Twenty-five years of Landscape Journal: an analysis of authorship and article content[J]. Landscape Journal, 2009, 28(01): 97–110.

[4] VINCENTI W G. Control-volume analysis: a difference in thinking between engineering and physics[J]. Technology and Culture, 1982, 23(02): 145–174.

[5] VINCENTI W G. What engineers know and how they know it: analytical studies from aeronautical history[M]. Baltimore: Johns Hopkins University Press, 1990.

目 录

眼动追踪支持的理论基础

第1章 城市更新的新需求

1.1 城市更新需要精准诊断

1.1.1 景观风貌修补需要科学方法

中国城市建设转入结构调整阶段，修补优化已建成区，提升城市景观风貌，是当前城市更新的重要任务之一。国内外城市发展一般规律及其实证证据表明，城镇化水平在达到60%后将放缓速度，城市空间建设将进入结构调整阶段[1-3]。中国城镇化在2020年已达63.89%[4]，当前中国新一阶段城镇建设工作重点，已经由注重城市空间供给的"量"移到注重城市空间环境的"质"上，由新城建设转向旧城更新。

《中共中央 国务院关于进一步加强城市规划建设管理工作的若干意见》中明确指出，我国当前城市规划与建设的总体目标是实现城市有序建设、适度开发、高效运行，努力打造和谐宜居、富有活力、各具特色的现代化城市，让人民生活更美好[5]。由此，打造以人为本的城市、重视城市风貌和环境质量、使人民生活更美好是现阶段我国城市发展的核心策略。住房和城乡建设部印发《关于加强生态修复城市修补工作的指导意见》，要求各地将生态修复、城市修补（以下简称"城市双修"）作为推动供给侧结构性改革的重要任务，以改善生态环境质量、补足城市基础设施短板、提高公共服务水平为重点，

转变城市发展方式，治理"城市病"，提升城市治理能力，打造和谐
宜居、富有活力、各具特色的现代化城市，让群众在"城市双修"中
有更多获得感[6]。

　　街道景观风貌修补是"城市双修"的重点内容之一，提升其依托
的环境综合体验评价有重要意义。"伟大的街道塑造了伟大的城市"[7]，
作为城市公共活动主要空间载体的城市街道在城市中起到了特殊重要
作用。在双修工作中，街道景观风貌的修补整治被放在了重要地位。
在双修政策指导下，上海、南京、北京、深圳等各大城市纷纷制定街
道设计导则，从街道微观层面切入城市设计以提升城市街道景观风貌。

　　相比常见的"定性、定量、定边"控制手段，在城市景观形态的
控制引导中常常缺乏向规范性管控语言的有效转译。经统计，12 部
地方性城市设计技术管理文件中，超过七成的编制条款仅为模糊的设
计性要求，包括对要素的"组织""设计"和"布局"，在实际建设
管理中存在很大的模糊性，缺乏可操作性[8]。大多数景观风貌规划侧
重于采用"统一""协调""一致"等描述性语言，导致执行中缺乏
明确、统一的裁量标准[9-12]。由于这种管控的模糊性，常常容易出现
在单个地块建设中过于追求自身元素的视觉冲击，从而导致整体环境
的视觉要素过于复杂，破坏了城市景观的协调性和完整性[13]。

1.1.2　景观风貌修补存在两大精准难点

　　国内外关于城市街道景观风貌评价的文献主要集中于总结宜人
性本质规律，通过制定标准和设计导则等指导街道规划设计。景观风
貌研究文献大部分集中于其宜人性本质及其空间一般特征的规范性设
计研究（Normative Design Research）[14]，构建街道范式从而指导具体

规划设计。这类研究往往从不同角度探索描述宜人街道的规律及其空间特征，通过案例分析总结归纳从而获得细分类型或细分目标下最优街道[15]，并转化成设计原则、导则等形式，用以指导具体设计[16,17]。常见角度如从空间尺度的角度，描述街道空间构成要素及其尺度对心理感受的影响[18]；从空间要素量化模型描述街道的宜人性[19,20]；从街道活力[21]和步行促进[22,23]角度描述人们对城市空间的社会心理需求；从行进中的变化时空感受描述动态街道风貌[24]；从对街景偏好评价街道综合景观风貌及其变迁规律[25]；等等。此类研究通过转化成设计导则等指导街道建设，在城市拓张阶段的新区建设中起到重要作用。但是随着城市建设重心由新城建设转为旧城修补，街道景观风貌修补仍存在两大精准难点：

第一，如何科学地确定应当修补的地段，精准诊断"修补哪"？虽然规范性设计研究总结的案例经验和设计导则能够帮助理解宜人街道景观的一般特征，但却往往很难精准把握现状复杂、问题各异的具体街道到底哪些地段景观风貌问题最突出，并在此基础上经济又有效地进行城市修补。在设计实践中往往还是需要大量依赖于传统的专家现场调研[15,26-29]。但是由于环境体验本身的隐晦性，专家评价的科学性和客观性往往有限，从而导致在领导决策时常常会从位于经济、功能等更易客观量化的价值考量。

第二，如何准确地识别导致景观风貌宜人性低的空间影响因素，精准干预"修补啥"？当前街道景观风貌规划设计主要依靠环境使用者调查问卷结合专家现状分析来诊断识别导致低宜人性的环境因素[27,28,30]，但这种诊断方法得到的结论常常并不可靠[31]。比如一项室内声环境研究显示，在未被提醒的状态下，大部分人并没有意识到真正让自己烦躁不安、认知能力下降的室内持续电噪声，仅能指认出人说话、走动这类声响 [32]。故此，仅凭借使用者和专家的回忆和推理来分析环境情绪反应的原因难以有效指导修补设计。

1.2　生理测量可以为精准诊断提供科学依据

1.2.1　理解环境感受：修补哪

以审美体验为核心的环境感受一直是国内外风景园林领域的核心问题 [33-35]。有学者认为审美感受是人对于环境的情绪判断，它与理性判断互为补充 [33]。进化环境心理学学者进一步认为，审美感受背后是人长期进化过程中积累的经验判断，其审美偏好不仅带来了愉悦的环境体验，更反映着与人们生存相关的环境决策 [36]，其中西方的疏林草地景观 [37] 和中国的文人园林 [33] 就是两种适宜人居的自然环境代表。人类对环境的审美反应，可能是其在长期进化过程中形成的与生存条件相关的本能判断，比如喜欢有庇护的环境可能是出于早期生活中对于躲避野兽追击的需求，而喜欢可以瞭望的环境可能是出于狩猎需求等 [38,39]。而人们对自然环境的审美偏好，可能也是出于某种未被完全认知的生理需求 [40]。虽然环境情绪感受非常重要，但由于它常常晦涩难以付诸言语，所以描述或测量起来却并不容易。

中国古典园林和风景园林设计理论很多都采用委婉含蓄的抽象描述来传递情绪感受 [41]。环境心理学者通过心理学的莱克特梯度量表（Likert Scale），对筛选的照片进行打分，从而得到基于受测者对每张照片的心理感受的量化指标。对于莱克特打分数据的典型分析可以通过主成分分析（principal component analysis）或者因子分析（factor analysis）对数据进行降维，即根据人们的打分反馈，对若干张照片进行分类，并根据分类来推测可能的审美偏好普遍规律，即不同受测者对于不同照片所普遍存在的连锁反应现象。

但基于抽象描述和心理学莱克特梯度量表的测量方法仍然存在诸多问题。这两种方法首先都要求参与者具备一定的经验及相关知识，在经验或知识不足的情况下都容易造成信息传递障碍。为了减小这种影响，更好地采集理解非专业者真实的环境感知，密西根大学的卢斯克（Ann Lusk）提出了"标签分析"方法[42]。卢斯克选取了她认为最为重要的 8 个空间认知要素，分别是：起点、可以有到达感的重要节点、宜人的场所、具有空间定位作用的地点、宜人的路段、无聊的路段、恼人的事物或地点及宜人的视线。随后卢斯克将有这 8 个要素附上说明，制作成不同的贴纸发给普通民众，让他们在地图上标出相应的位置。

认知心理学发现在实验室环境下，皮电、心电、脑电等情绪生理测量能够较准确地实时捕捉我们隐晦的情绪体验。虽然情绪看上去很复杂，但心理学家发现其实大部分情绪可以简化成一个由情绪效价（valence）和情绪唤醒度（arousal）组成的二维模型[43]。其中情绪效价描述喜好程度，从喜欢到不喜欢；而情绪唤醒度描述兴奋程度，从低兴奋度到高兴奋度。在二维情绪模型的基础上，美国精神卫生署的情绪研究中心通过大量的图片情绪刺激实验发现，这两个维度可以较好地通过皮电、心电、脑电、表情肌肌电等生理信号反映，其电信号单因子回归模型能较好地预测两个情绪维度（$R=0.58\sim0.90$）[44,45]。麻省理工学院媒体实验室的皮卡德教授进一步在此基础上提出情感

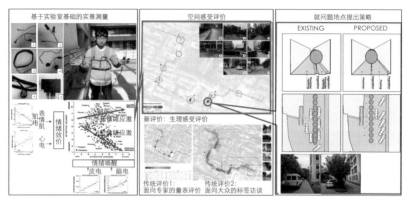

图 1-1　利用多导生理反馈仪有效地测量实景实时的环境情绪反应
图片来源：陈筝绘制

计算（affective computing）技术，结合机器学习将模型预测准确率从 50%~60% 提升到 80%~90%[46]。在此基础上，我们尝试着将我们利用可穿戴传感器采集皮电、心电、脑电、表情肌肌电、呼吸等多项生理指标，结合 GPS 实时地理追踪，对实景环境行走情绪体验进行实时记录 [47,48]。通过同目前环境视觉体验研究主流应用的莱克特偏好量表问卷 [49] 和标签式体验访谈 [42] 的结果对比，发现生理指标能有效识别实景体验中的负情绪反应诱发地点，帮助设计诊断（图 1-1）。

1.2.2　理解环境认知：修补啥

　　人的环境感受并不是从刺激到感受的简单映射。举一个亲自然感受的简单例子，如果做一个问卷或访谈调查，询问被访者是否喜欢生态化设计，可能相当多的被访者都会认为自己喜欢。但是如果让他们选择在自家前院种植多种高草混杂的绿地，还是需要定期修剪、浇灌和除杂草的草坪，更多的被访者都会选择后者，尽管科学上来看，前者要生态得多。为什么呢？这是因为我们对于居所环境有着更为复杂的需求，它首先应该是整洁的、被人精心维护照料的，这叫作"关怀线索"（caring cue）[50]。风景园林设计师在进行生态设计时，在保持生态野趣特征的同时，需要考虑加入某种秩序或限制，作为暗示被照料的关怀线索。我们在现代生态景观设计中，常常可以看见这种关怀线索细节处理，如采用金属或玻璃等现代材料的铺装收边以突出该边界，或在靠近铺装的种植区中修剪出一个 10 cm 宽的矮草坪条。

故此，作为风景园林设计师，我们不仅需要准确测量人们的环境感受，更需要了解环境感受产生的原因。要探究感受背后的原因，这就意味着我们需要了解人对环境的复杂认知过程，比如人是如何从纷杂的环境中提取有效信息的？这种信息提取在空间分布、在环境内容上是否存在普遍适用的信息偏好规律？人又是如何解读这些信息的？这和我们的生活经历、文化等是否有关系？有没有对跨越文化和经历等个人差异的普遍性解读？

眼动追踪（eye-tracking，亦称眼追踪）技术无疑为理解环境认知过程提供了一个可供窥视的工具。它是一种在毫秒级跟踪人眼瞳孔位置移动和大小变化的精密仪器。在多点校准后再经过视觉计算，可以将瞳孔的位置变化图像对应到具体视觉画面被注视点的角度变化，从而锁定被注视点的具体位置。眼动追踪可以辅助我们理解使用者是如何认知环境的，甚至可能进一步帮助我们分析使用者在想什么，他们为什么喜欢或不喜欢特定环境，他们如何做出相应的行为选择，等等。眼动追踪实验在市场营销和广告设计[51]、交互设计[52]、工业设计驾驶人因[53]等领域都有相对较为成熟的应用，甚至在旅游领域[54]都开始了面向旅游宣传和需求挖掘的针对性研究。

在接下来的章节中，本书将围绕"环境认知"和"修补啥"，尝试进一步探究设计是如何对使用者行为和感受产生影响的。通过眼动追踪获取的空间注意力分配数据，将打开从空间设计到行为感受之间的"信息黑箱"，帮我们理解设计如何影响注意力偏好，以及这种偏好如何进一步引导使用者形成特定的环境感受或促使他们产生特定的环境行为。

参考文献

[1] 吴志强，杨秀，刘伟.智力城镇化还是体力城镇化——对中国城镇化的战略思考[J].城市规划学刊，2015(01): 15–23.

[2] 王建军，吴志强.城镇化发展阶段划分[J].地理学报，2009, 64(02): 177–188.

[3] NORTHAM R M. Urban geography[M]. New York: John Wiley & Sons, 1979.

[4] 顾朝林，管卫华，刘合林.中国城镇化2050: SD模型与过程模拟[J].中国科学：地球科学，2017, 47(07): 818–832.

[5] 中共中央　国务院.关于进一步加强城市规划建设管理工作的若干意见.[EB/OL].(2016-02-22)[2022-9-20].https://www.mohurd.gov.cn/xinwen/gzdt/ 201602/ 20160222_226700.html.

[6] 中华人民共和国住房和城乡建设部.关于加强生态修复城市修补工作的指导意见[EB/OL].(2017-03-12)[2022-10-01].http://www.gov.cn/xinwen/2017-03/12/content_5176047.htm.

[7] JACOBS A B. Great streets[M]. Cambridge, Mass.: MIT Press, 1993.

[8] 段进，兰文龙，邵润青.从"设计导向"到"管控导向"——关于我国城市设计技术规范化的思考[J].城市规划，2017, 41(06): 67–72.

[9] 方豪杰，周玉斌，王婷，邹为.引入控规导则控制手段的城市风貌规划新探索——

基于富拉尔基区风貌规划的实践 [J]. 城市规划学刊 , 2012(04): 92–97.

[10] 王晶 , 李彦凝 . 面向实施管理的城市景观风貌研究综述 [A]. 面向高质量发展的空间治理——2020 中国城市规划年会论文集（12 风景环境规划）[C]. 北京 : 中国建筑工业出版社 , 2021: 415–422.

[11] 唐晓璇 , 吴伟 , 尹仕美 . 城市设计视角下风貌调控研究的进展与反思 [A]. 活力城乡美好人居——2019 中国城市规划年会论文集（07 城市设计）[C]. 北京 : 中国建筑工业出版社 , 2019: 895–904.

[12] 段德罡 , 王丽媛 , 王瑾 . 面向实施的城市风貌控制研究——以宝鸡市为例 [J]. 城市规划 , 2013, (04): 25–31.

[13] 陈晨杰 . 城市风貌规划编制与规划实施的若干思考——以铜仁市思南县中心城区城市风貌规划为例 [J]. 上海城市规划 , 2021, (04): 125–31.

[14] ZUBE E H. Themes in landscape assessment theory [J]. Landscape Jrnl, 1984, 3(02): 104–110.

[15] 卓健 . 城市街道研究与规划设计 [M]. 北京 : 中国建筑工业出版社 , 2010.

[16] 葛岩 , 唐雯 . 城市街道设计导则的编制探索——以《上海市街道设计导则》为例 [J]. 上海城市规划 , 2017, (01): 9–16.

[17] 上海市规划和国土资源管理局 , 上海市交通委员会 , 上海市城市规划设计研究院 . 上海街道设计导则 [M]. 上海 : 同济大学出版社 , 2016.

[18] 芦原义信 . 外部空间设计 [M]. 北京：中国建筑工业出版社 , 1985.

[19] BURLEY J, YILMAZ R. Visual quality preference: the smyser index variables[J]. International Journal of Energy and Environment, 2014, 08: 147–53.

[20] BURLEY J. Visual and ecological environmental quality model for transportation planning and design[J]. Transportation Research Record: Journal of the Transportation Research Board, 1996, 1549(01): 54–60.

[21] JACOBS J. The death and life of great American cities[M]. New York: Random House, 1961.

[22] 金岩 . 回归街道生活的步行社区街道设计策略 [J]. 中国园林 , 2013, 29(05): 66–69.

[23] JOSEPH A, ZIMRING C. Where active older adults walk: understanding the factors related to path choice for walking among active retirement community residents[J]. Environment and Behavior, 2007, 39(01): 75–105.

[24] APPLEYARD D, LYNCH K, MYER J R. The view from the road[M]. Cambridge: Published for the Joint Center for Urban Studies of the Massachusetts Institute of

Technology and Harvard University by the M.I.T. Press, 1964.

[25] NAIK N, KOMINERS S D, RASKAR R, et al. Computer vision uncovers predictors of physical urban change[J]. Proceedings of the National Academy of Sciences, 2017, 114(29): 7571–7576.

[26] 周燕，贺慧，余柏椿．新长街 老味道——武汉市武昌区解放路更新改造中的特色重塑 [J]. 城市建筑，2009(02): 65–66.

[27] 臧慧，庞聪．城市老街区空间样态更新及街区活力提升策略研究——以大连近代老街区为例 [J]. 城市建筑，2015, (26): 309–309, 311.

[28] 阮仪三，蔡晓丰，杨华文．修复肌理 重塑风貌——南浔镇东大街"传统商业街区"风貌整治探析 [J]. 城市规划学刊，2005(04): 53–55.

[29] 张松，镇雪锋．从历史风貌保护到城市景观管理——基于城市历史景观（HUL）理念的思考 [J]. 风景园林，2017(06): 14–21.

[30] 徐姗，黄彪，刘晓明，等．从感知到认知北京乡村景观风貌特征探析 [J]. 风景园林，2013(04): 73–80.

[31] WOOD D. Unnatural illusions: some words about visual resource management[J]. Landscape Journal, 1988, 7(02): 192–205.

[32] JARAMILLO A M. The link between HVAC type and student achievement[D]. Blacksburg: Virginia Tech, 2013.

[33] 孙筱祥．风景·园林美学 [J]. 中国园林，1992(02): 14–22.

[34] FEIN A. A study of the profession of landscape architecture[M]. Princeton: The Gallup Organization, Inc., 1972.

[35] CHEN Z, MILLER P A, CLEMENTS T L, et al. Mapping research in landscape architecture: balancing supply of academic knowledge and demand of professional practice[J]. Eurasia Journal of Mathematics, Science and Technology Education, 2017, 13(07): 3653–3673.

[36] ULRICH R S, SIMONS R F, LOSITO B D, et al. Stress recovery during exposure to natural and urban environments[J]. Journal of Environmental Psychology, 1991, 11(03): 201–230.

[37] ORIANS G. An ecological and evolutionary approach to landscape aesthetics [M]// PENNING-ROWSELL E C, LOWENTHAL D. Landscape meanings and values. London: Allen and Unwin, 1986: 3–25.

[38] KAPLAN S, KAPLAN R. Cognition and environment: functioning in an uncertain world[M]. New York: Praeger, 1982.

[39]　APPLETON J. Prospects and refuges re-visited[J]. Landscape Journal, 1984, 3(02): 91–103.

[40]　KAPLAN S. The restorative benefits of nature: toward an integrative framework[J]. Journal of Environmental Psychology, 1995, 15(03): 169–182.

[41]　朱建宁 , 杨云峰 . 中国古典园林的现代意义 [J]. 中国园林 , 2005, 21(11): 1–7.

[42]　LUSK A. Greenways' places of the heart: aesthetic guidelines for bicycle paths[D]. Ann Arbor: University of Michigan, 2002.

[43]　RUSSELL J A, SNODGRASS J. Emotion and the environment[M]//STOKOLS D, ALTMAN I. Handbook of environmental psychology. New York: Wiley, 1987: 245–281.

[44]　LANG P J, GREENWALD M K, BRADLEY M M, et al. Looking at pictures: affective, facial, visceral, and behavioral reactions[J]. Psychophysiology, 1993, 30(03): 261–273.

[45]　LANG P J. The emotion probe: studies of motivation and attention[J]. The American Psychologist, 1995, 50(05): 372.

[46]　PICARD R W. Affective computing [M]. Cambridge, Mass.: MIT Press, 1997.

[47]　陈筝 , 刘颂 . 基于可穿戴传感器的实时环境情绪感受评价 [J]. 中国园林 , 2018, 34(03): 12–17.

[48]　CHEN Z, SCHULZ S, QIU M, et al. Assessing affective experience of in-situ environmental walk via wearable biosensors for evidence-based design[J]. Cognitive Systems Research, 2018, 52(2018): 970–977.

[49]　MAULAN S. A perceptual study of wetlands: implications for wetland restoration in the urban area in Malaysia[D]. Blacksburg: Virginia Polytechnique and State University, 2006.

[50]　NASSAUER J I. Messy ecosystems, orderly frames[J]. Landscape Journal, 1995, 14(02): 161–170.

[51]　WEDEL M, PIETERS R. A review of eye-tracking research in marketing[J]. Review of Marketing Research, 2017: 123–147.

[52]　博伊科 . 眼动追踪 : 用户体验优化操作指南 [M]. 葛缨 , 何吉波 , 译 . 北京 : 人民邮电出版社 , 2019.

[53]　PEIßL S, WICKENS C D, BARUAH R. Eye-tracking measures in aviation: a selective literature review[J]. The International Journal of Aerospace Psychology, 2018, 28(3–4): 98–112.

[54]　SCOTT N, ZHANG R, LE D, et al. A review of eye-tracking research in tourism[J]. Current Issues in Tourism, 2019, 22(10): 1244–1261.

第 2 章　注意力的设计

2.1　注意力的特点和规律

2.1.1　环境认知是一种信息筛选

丁文魁先生指出，风景的本质是一种信息 [1]。我们对于环境信息并不是照片式的复刻，而是一种对信息的筛选，这种筛选有的是深刻在我们生物基因中的偏好，有的是我们社会文化、个人经历在我们身上的烙印。文化景观学者皮尔斯·刘易斯（Peirce F. Lewis）指出："景观只有被看见的时候才成为景观，我们看到的景观是被我们大脑筛选过的，而这种筛选常常会对原始环境信息产生些有趣的作用"（Landscape is landscape only if we see it, and our sight is filtered through our mind, which often does odd things to external stimuli）[2]。中国风景园林的美学思想认为风景是一种主客体共同作用的信息加工。环境信息由空间物质形态的"貌"和人文社会文质形态的"风"两种客观资源共同组成，对这种客观的"景"，人们通过"观"的主动参与 [3]，对于信息进行有差异的筛选加工并结合个人经验情感的关联解读 [4, 5]，从而形成一种内化的综合环境感受 [6]。

那我们怎么筛选环境信息呢？神经认知学的证据显示，这种筛选和我们大脑一种下意识的自动快速加工密切相关。这种快速识别是一种对客观生存环境的直觉判断，往往表现为一种情绪应激，其本质是基于遗传和习得经验的脑神经网络连接，从而快速提取识别环境信息，从而提高野外生存概率。诺贝尔奖得主、心理学家丹尼尔·卡内曼（Daniel Kahneman）[7] 指出，现代认知科学认为有两种信息加工的方式，一种是快脑或者说直觉系统，一种是慢脑或者说逻辑系统。前者较为粗略而快速，后者较为精细可以反复推敲。相当比例的环境认知属于前者，这种快速的直觉系统是人类在长期的野外生活中进化而来，让人的感官和大脑能够高效加工野外环境信息，快速识别并躲避危险。当身处环境空间时，我们会不自觉地快速浏览身边的各类信息。但这种浏览并非漫无目的随机张望，恰恰相反，我们的直觉系统可以对这种环境信息进行快速筛选加工，并调节注意力，使其指挥视觉等感觉器官进一步获取信息。这种加工过程常常在一两秒之间，由于它如此之快，我们自己往往并未充分意识到这种直觉加工。

2.1.2　环境信息筛选存在固定的偏好规律

值得注意的是，我们对环境的筛选并不是随机均质的，常常存在固定的信息偏好。这就意味着，我们对环境的认知并不像镜子一样复制外部环境信息，我们的视觉注意也并不会因为视野内可见面积的增加而线性增加。

研究发现，我们的视知觉在信息筛选时，存在固定的偏好规律。直觉系统的信息筛选和加工是一种神经网络的无监督或半监督统计学习 [8, 9]，基于先天进化遗传和后天经验学习，那些对我们更有价值的信息往往更容易被我们的直觉系统注意。计算机领域有一部分学者研究如何预测人对复杂图像的注意力分配，称为视觉显著性检测（visual saliency detection）。他们发现，有两类环境要素更容易受到注意：一类是要素本身就比较醒目的，即刺激驱动，这类要素在较低认知加工层级的图像空间统计特征特别突出，如色彩、明暗、形状、运动等方面与背景差异较大；另一类是一些我们大脑认为"更重要的物体"，即目标驱动，这类要素更加满足较高认知加工层级对具体物体的信息偏好，如人（特别是人脸）以及建筑物入口、窗口、文字、标识等人工物。因为刺激驱动是由较低认知层级引发，所以这个认知注意过程也叫作自下而上[10]，而这种较低认知层级的显著性一般可以通过图像空间统计计算识别[11]。相对地，因为目标驱动是由较高认知层级引发，所以这个过程叫作自上而下[10]，较高认知层级的显著性预测一般需要先对图像通过语义分割，识别图像中有哪些组分、分别是什么物体（高级认知），然后再计算这些要素的规律并对其权重进行概率估计[12]。

　　我们的视知觉会主动搜集环境中对我们行为决策更有价值的信息。如图 2-1 所示，这是用高速眼动仪捕捉的一位观察者在 5 秒内看照片时眼睛注视的热力图。其中颜色越红的注视点表示被注视的时间越长。值得注意的是，占据左图画面大半部分的树干与树枝并未吸引过多的注意力，反而是河岸对面几乎看不清的小房子吸引了最多的注意力。从概率上看，这些地方最有可能出现人、车辆这些更重要的物体。同样地，在右图中，人们也会倾向于更多地去注视出现人概率较高的窗户、近处标牌，还包括建筑物左侧天空中一个异常突起的电线。从图中我们可以看出，尽管树有很丰富的细节，但我们的注意力会主动从纷杂的环境中快速筛选出那些更重要的物体以及它们更可能出现的位置，或者那些看上去不太寻常的物体，这些环境信息成为我们快速环境认知过程中的主要加工内容。

图 2-1 高速眼动仪捕捉的自由观察时 5 秒内的眼动注视
图片来源：陈筝拍摄、绘制

2.1.3 反映信息筛选效率的指标——信息密度

既然我们对环境信息是主动筛选的，那么我们怎么描述筛选时的这种偏好呢？我们需要一种指标来描述环境要素吸引注意的效率。马可·阿玛缇（Marco Amati）和他同事提出了这样一种可能的指标度量。他们在一项观看公园散步录像的眼动追踪中发现[13]，尽管路灯、长椅等人工物在视野范围内仅占很小的比例，但是它们吸引人们注意的能力却不容忽视。相对地，对比有些要素，比如天空，即使在视野范围内占比很大，人们却并不会怎么注意它。为了描述单位面积要素吸引注意的效率，笔者构建了一个新的指标，即：用注视时间占比除以画面占比。

为了描述在不同景观中具体要素吸引注意的效率，我们借用了阿玛缇和他同事的指标，并暂且给它起个更容易记的名字——信息密度（information density），它描述了被我们认知加工筛选出的信息强度，即可视范围内单位面积环境要素的累积被注视程度。信息密度提供了一种跨越不同的景观场景进行比较的指标，它更加稳定，更不容易受到画面内容的影响。在阿玛缇他们对两个不同公园的比较中，相较总注视时间，这个比值更不容易受到画面中要素大小波动的影响。通过这个相对稳定的信息密度指标，我们可以找到那些更容易被注意到的环境要素。

2.1.4 高信息密度要素影响注意力空间分配

信息密度可以帮助理解人们如何从信息纷杂环境中提取信息。为了对环境信息更好地提取，我们选择了信息特别丰富的上海南京路步行街进行探索，具体内容将在本书的第3、4章详细介绍。作为上海的城市名片，南京路步行街是上海市最繁华的商业购物街，是上海中心城区人群最为密集的核心区域之一。历史保护建筑和老字号店铺都在漫长的历史演变中渐渐沉淀下来，与热闹繁华的现代商业活动并置，形成丰富多样、充满视觉冲击的景观风貌，是海纳百川的海派文化的集中体现。那么这种丰富感是怎么被感知的呢？具体什么环境要素触发了这种丰富感呢？从信息密度的统计中我们可以发现，最容易吸引注意力的要素依次是户外广告店招、南京路特有的观光铛铛车，然后是人群和建筑。结合访谈我们发现，这些高信息密度要素对南京路丰富感的感知起到了关键作用。比如经常有参与实验的被试提到："这里有很多广告牌，很吸引人的注意，也有很多浓墨重彩的颜色，会让我感觉很有特色"，以及："这里有很多不同的店，呈现出不同的业态，感觉想买什么都可以找到"。

那些更容易吸引我们注意的空间要素更多地影响了我们的景观感

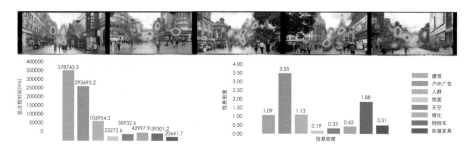

图 2-2　影响南京路步行街景观风貌感受的主要环境要素
图片来源：陈奕言拍摄、绘制

受。先来看户外广告店招。对比上海南京路步行街中段（湖北路—河南中路段）及其东拓段（河南中路—中山东一路段），步行街中段外挂店招比东拓段明显要密集很多，而且布置集中分布在建筑立面中段，从而影响了行人的注意力分布（图 2-3）。一般来说，行人对街道的注视主要分布在底层[14, 15]，像东拓段这样的注视分布比较常见，而像步行街中段这样中层和底层被注视度相当的情形是较少的。在南京路的案例中，高信息密度的广告店招显著地提升了建筑立面中层的被关注度。对建筑中层的注视不仅影响了眼球运动，我们发现参与者为了观察中层空间也增加了更多抬头、转头、转身等头部和肢体运动，这些身体运动比眼球运动更费力，速度变化也没有那么迅速灵敏。视线仰角的变化也使行人不断抬头、转头、转身，在此过程中视觉体验变得丰富，从而一定程度上带来"独特""丰富""鲜明"的景观风貌感受。换句话说，南京路繁华热闹、混合多元的核心景观风貌，很大程度上是广告店招这类高信息密度要素决定的。

图 2-3　影响南京路步行街景观风貌感受的主要环境要素
图片来源：陈奕言拍摄、绘制

图 2-4　不同场景中建筑的信息密度及历史建筑对信息密度的影响（左）和具体
场景（右）
图片来源：陈奕言拍摄、绘制

再来看建筑，我们发现历史建筑比其他建筑更容易被关注，而这种被关注的历史建筑对南京路景观风貌感受起到了更为重要的作用。对比不同路段，有的场景中建筑的整体信息密度更高，得到了更多关注（图 2-4 左上）。进一步对两个场景进行分析发现，建筑整体受关注程度提升主要是历史建筑造成的（图 2-4 左下），这可能是因为这些历史建筑有丰富精致的分割、线角、装饰等有趣细节，让游客的视线可以有更长时间的驻留（图 2-4 右）。本书第 4 章中将以和平饭店为例，具体说明高信息密度的历史建筑是如何在综合感受中起到关键作用的。

2.2 注意力的设计：感受引导

2.2.1 注意力操纵是艺术的常用手法

通过操纵注意力，有意地突出特定信息以达到特定的审美感受体验，是艺术常用的手法。通常这种强化可以通过两种途径实现。

一种途径是加法，强化主要信息。提升对主要信息的注意和认知加工，常常采用夸张、变形等加法手法增加认知或审美的趣味或特定的奇妙感觉。说到加法和信息强化，大家可能比较熟悉立体派、超现实主义等手法，它们对事物的表现不同于常规看见的，通过加入其他信息，表达出特殊的艺术意图。我们来看另一个非常巧妙的信息强化案例，著名画家克劳德·莫奈（Claude Monet）的代表作《日出：印象》（*Impression, Soleil levant*）（图 2-5）。看过这幅画的读者，一定会对画面中那轮红日印象深刻：它像一颗闪烁跳跃的火球，牢牢地锁住了我们的视线，仿佛具有生命一样。如果绘画者套用最基础的绘画手法，比如通过降低背景明度、留白红日、拉高明度等强化主景—背景对比，常常会把红日"画死"，没有这种鲜活的生命感。那么莫奈是怎么实现这种鲜活感的呢？如果给这幅画去色只留下灰阶，我们会发现莫奈的红日其实在明度上完全融入了背景，主景—背景之间的区辨完全是靠橙蓝调对比的色相来实现的。如果不是红日的圆形笔触，我

图 2-5　克劳德·莫奈的《日出：印象》（1872 年）及去色后的灰阶图

图片来源：https://commons.wikimedia.org/wiki/File: Monet_-_Impression, _Sunrise.jpg

们几乎无法在去色后的灰阶图上找到它。

　　莫奈这种仅靠色相区别而无明度差异来描绘红日的技巧，是让红日鲜活的根本原因，其中蕴含着深刻的神经认知原理。大脑的视知觉加工，在经过枕叶初级加工后会分为两条通路，一条叫腹侧通路，沿着腹内侧的大脑皮层枕颞叶分布，包括纹状体皮层、前纹状体皮层和下颞叶，主要功能是形状、色彩等的物体识别，所以也叫"是什么"（what）通路；另一条叫背侧通路，沿着背后侧的枕顶叶分布，包括纹状体皮层、前纹状体皮层和下顶叶，主要功能是空间位置和运动识别，所以也叫"在哪里"（where）通路[8]。值得注意的是，为了提高加工速度以便让身体可以快速反应，"在哪里"通路只有明度信号，这就导致了两条通路信息叠加时，我们知道有红日（由有颜色信息的"是什么"加工），但它的位置（由缺乏颜色信息的"在哪里"加工）却比较模糊，从而产生无法准确定位的跳跃感，而这种跳跃错觉使观众的视线如磁铁一般地吸在红日上。

　　莫奈应该并不了解背后的视知觉神经生物机制，因为视觉皮层两条通路是在 1983 年才被发现的。但这并不妨碍作为艺术家的他敏锐地捕捉到了这种视错觉对注意力的巧妙操纵，以及伴随而生的微妙鲜活的艺术效果。莫奈很擅长用类似的手法来强化这种鲜活感，他在同期另一幅画作《亚嘉杜的罂粟花田》（*The Poppy Field near Argenteuil*）（图 2-6）也曾尝试了类似的手法，营造出鲜活的虞美人，那轻盈的鲜红花瓣仿佛正在和风中轻轻舞动，让人印象深刻，久久不能忘怀。对这个艺术手法及其神经认知原理感兴趣的读者，可以进一步阅读玛格丽特·利文斯通（Margaret Livingstone）的著作《视觉与艺术：关于看见的生理学》（*Vision and Art: The Biology of Seeing*），其中专门有一章讲动态错觉，介绍了不少利用这种视错觉形成的特殊艺术效果。

图 2-6　莫奈的《亚嘉杜的罂粟花田》（1873 年）及去色后的灰阶图
图片来源：https://commons.wikimedia.org/wiki/File: Poppy_Field_in_Argenteuil, _Claude_Monet.jpg

我们再来看注意力操纵的另一种途径——减法。减法通过弱化次要信息，降低对次要信息的注意和认知加工，常常采用抽象、留白等减法手法通过对比来强化主体。极简抽象派画家特别擅长运用减法来实现特定的审美旨趣，他们通过刻意调整画面的信息引导认知加工，从而激发更强烈、更纯粹的审美体验。比如特纳（J. M. W. Turner）在刻画海上暴风雨时，从早期写实主义的《加纳码头：一艘抵港的英国邮轮》（*Calais Pier: An English Packet Arriving*）对细节精致地刻画，到后期对细节进行大量简化的《暴风雪：汽船驶离港口》（*Snowstorm: Steamboat Off a Harbour's Mouth*），后者通过螺旋状排布的明暗更加突出了狂风暴雨的力量，从而能激发观众比前者更强的情绪反应（图2-7）。这种减法，让人的注意力集中于螺旋状风暴移动，更容易感受到这种风暴的动感和力量。

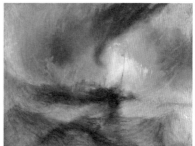

图 2-7　特纳的《加纳码头：一艘抵港的英国邮轮》（1803 年）（左）和《暴风雪：汽船驶离港口》（1842 年）（右）

图片来源：KANDEL E. Reductionism in art and brain science: bridging the two cultures[M]. New York: Columbia University Press, 2016.

2.2.2 注意力操纵也是园林造景的经典手法

如果我们可以明确具体环境是如何诱发特定感受或行为的，那么是否可以反过来应用到我们的空间设计——设计师是否可以通过系统性地操纵空间环境，从而引导使用者产生特定感受或行为？

其实，造景和空间设计很多时候是通过对注意力的刻意操控来实现的。这种刻意操控通过有意识地呈现或突出特定的空间要素或信息（或者有意识地限制干扰的要素或信息），去触发使用者产生某种特定环境感受或诱发特定的环境行为。

从注意力操控的角度可以帮助我们理解园林设计的意图和方法。彼得·沃克（Peter Walker）在剖析极简主义（minimalism）园林设计时解释称，极简主义园林最重要的特征之一就是通过设计操控观者的有意注意（conscious attention）来突出特定要素的可见性（visibility），从而使其背后主旨让人记忆深刻[16]。极简主义设计可能需要对场地的理解和把握十分精准，才能从复杂场地中提炼出简洁而诗意化的秩序，通过克制的设计语言去引导注意力从而强化这种诗意化的秩序，"让人们可以透过设计对象获得更深远的景观体验"（allow one to see beyond the designed object to the larger landscape）。

中国古典园林很多经典的设计手法，也是通过对环境信息和注意力的操纵，从而营造出特定的体验或意境。比如框景通过控制干扰信息，将注意力集中在目标信息，从而实现目标信息的强化；蜿蜒的河道或亭廊结合桥、台阶、门框等景深分割，将视线逐步引导向远方，而丰富的变化让视线在引导过程中形成多个注视点，加深了深远的感受；景题通过简短的文字提示激活相关记忆，建立和诗词等更广泛的审美经验之间的关联，从而形成更立体的审美体验；等等。

2.2.3 高信息密度要素和场所情感强化

为了了解注意力操纵如何影响了感受，我们还是来看前面上海南京路的例子。从人们注意到特定场景或空间要素，到他们产生印象深刻的感受之间，又经历了什么呢？为了了解人们关于南京路的场所记忆，我们采用了游客自主照片拍摄法（visitor employed photography），这是一种风景园林和旅游学科用于了解公众关于场所记忆和环境感受的常用调查方法[17, 18]。感兴趣的读者，可以在第 3 章看到这个完整的探索性研究。我们在实景自由行走实验中发给被试一台平板电脑，让他们在行进过程中自由拍摄自己感兴趣的照片，并简短描述拍摄理由。通过分析他们拍摄照片的空间分布，我们发现高信息密度要素分布密集的地段，也被拍摄了更多的照片（图 2-8 上）。

值得注意的是，并不是引起注意的场所都会被记忆，通常那些进一步诱发个体化情感关联（personalized emotional connection）的场所更容易让人印象深刻。通过分析被试提供的拍摄理由，我们发现能够激发参与者联想（提到"曾经来过""与熟悉的影视作品相关"等）的场景照片，更容易被参与者选作自己"最喜爱的 3 张照片"（63%入选），高于反映街道特点的核心印象场景（提到"南京路特色""别的地方没有"等，33% 入选）和反映与日常差异较大有趣内容的独特体验场景（如独特的橱窗装饰、穿着熊猫玩偶服招揽客人的店铺等，7% 入选）。

我们来分析一个具体例子，来看看这种个体化情感关联是如何产生的。某游客在拍摄一张照片前 3 秒的注视轨迹（图 2-8 下），游客先是注意到了拍照（序号 1、3）和被拍的人（序号 2），接着观察了入口标识牌（序号 4）从而对人的拍照行为进行理解，之后又反复观

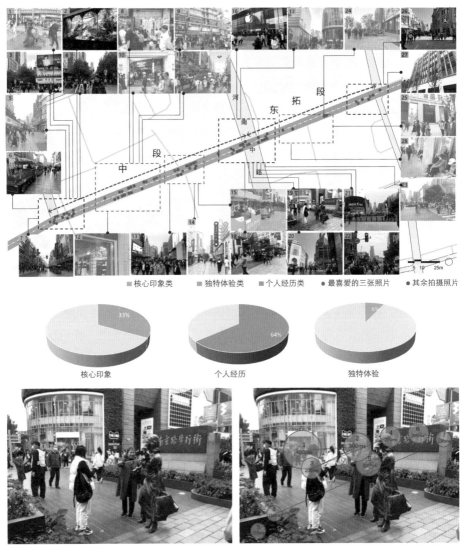

图 2-8 南京路步行街实景实验的拍照统计（上）和拍照前眼动示例（下）
图片来源：陈奕言、李晔绘制

察了人和标识牌（序号 5~7），在此过程中联想到曾经拍照的经历，最后观察了花坛以考量通行的可能（序号 8~10），最终决定就地拍摄。这位游客回忆，"我刚来上海的时候，第一次来南京路就在这里和朋友合影过，当时我们几个玩到深夜，街上都没几个人了，确实很难忘啊，挺怀念当时的。"结合回忆和眼动，这位游客被环境线索激发的情感体验涉及三种认知记忆：第一种是情节记忆（episode memory），关于那次和朋友来南京路玩、合影等具体个人经历，由拍照的人和地点激发；第二种是语义记忆（semantic memory），通过这次经历，他/她强化了对上海、南京路等概念之间的关联，由入口标识牌激发；第三种是知觉表征系统（perceptual representation system），是一种非陈述性的感官记忆，常常因为伴随的强烈情感体验而被记住。可以从"街上都没几个人了""深夜""难忘啊"等描述看出来，这位游客的体验充满着丰富感官体验细节（包括那些未被该游客诉诸语言的微妙感知），同时伴随着强烈情感体验。这种感官记忆，是打开情感记忆、强化当下情感体验的重要途径，也叫"普鲁斯特效应"（Proust Effect）。这是一种由嗅觉、视觉、触觉等感官记忆触发，产生生动立体的回忆想象和情感体验。这个词来自法国作家马塞尔·普鲁斯特（Marcel Proust），他在《寻找失去的时间》（*A La Recherche du Temps Perdu*）中对小时候妈妈做的玛德琳蛋糕等感官记忆进行了入木三分的描写。在南京路路口这个拍照例子中，环境线索不断激发多种记忆，包括丰富立体的感官记忆和情绪记忆，强化了个人和场所之间的情感关联。

2.2.4 夜景照明对注意力和信息密度的引导

我们的风景体验，经过情感筛选和强化加工后，常常会有"日出江花红胜火，春来江水绿如蓝"这种色彩更加饱和、环境更加纯粹的场所记忆，它比真实体验更加纯粹美好，容易激发更强烈的情感。夜景照明中色彩的运用，常常能快速、有效地形成这种戏剧性的艺术效果。同时通过照明能够精准、有效地控制和引导注意力，诱发特定感受。

同样地，夜景照明通过注意力引导，也有效地强化了南京路步行街的景观体验。实验发现有更多被试（62%）认为夜晚的南京路"更符合他们心目中的上海"。通过比较白天和夜景的差异，我们发现夜景照明让被试的注意力更加集中在原本信息密度就高的户外广告店招（图2-9上）。被试也意识到丰富的户外店招强化了南京路热闹的整体意象，比如有实验参与者指出"那些招牌的灯光和色彩把两侧的建筑变得更丰富了，可看的东西更多了，然后有一种目不暇接的感觉，整体统一性也更强了"以及"晚上的话感觉霓虹灯的效果就特别有商业的氛围，烟火气比较浓，更加有闲逛的情调在里面"。同时，可能由于灯光对环境整体性的增强，夜晚注视的空间分布更加集中，被注视的环境内容也更少（图2-9下）。这种整体感体现为色彩氛围感的强化，以及由此导致的杂乱感降低，比如有参与者提到："霓虹灯色彩斑斓，感觉都挺好的，与白天的差别挺明显的，因为这些色彩突出来了，后面的建筑就沉下去了，我觉得比较有重点，比较吸引人"，以及"晚上打灯之后感觉非常不一样，比较吸引人，白天那种稍微杂乱的感受也少了，比较统一"。我们可以在第4章看到这个完整的量化研究。

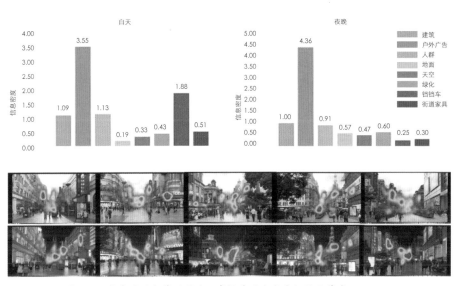

图 2-9　南京路的夜景照明进一步提升了广告店招的显著度
图片来源：陈奕言拍摄、绘制

2.3　注意力的设计：行为引导

2.3.1　眼动注视有助于理解行为感受背后的环境认知

　　在空间设计学科，我们常常依靠问卷调查和行为观察来收集感受行为，并进一步通过问卷和访谈结合空间特征进一步分析行为和感受产生的原因。因为感受和行为动机的认知加工常常是由快速直觉主导，所以本身比较隐晦，我们往往较难精准锁定诱发行为感受的空间要素或特征。

　　眼动追踪提供了一个可以仔细观察行为和感受形成的"慢镜头"。

通过眼动追踪，我们可以剖析在特定感受或行为动机产生过程中，人是基于哪些环境信息进行认知加工的，从而推测可能的快速直觉认知过程，理解行为和感受产生的原因。

这方面最经典的研究，可能当属 20 世纪 60 年代苏联先驱学者阿尔弗雷德·雅布斯（Alfred Yarbus）关于复杂图像视觉搜索任务的眼动研究[19]。雅布斯发现，眼动注视揭示了观察者的潜在行为动机。如图 2-10 所示，雅布斯给同一人在观看同一幅油画《不速之客》（*Unexpected Visitor*）时给出了七种不同的引导任务，同时记录了不同任务下该被试的眼动轨迹。第一个任务是没有任务指示的自由观看，

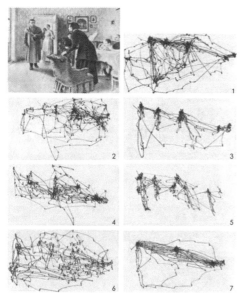

图 2-10　在不同任务引导下同一人对同一幅油画《不速之客》的眼动注视

图片来源：YARBUS A L. Eye movements and vision[M]. New York: Springer, 1967.

注：引导任务依次为
1.自由观看
2.估计家庭物质条件
3.估计人物年龄
4.推测访客进入前家人在做什么
5.记住每人的衣着
6.记住人和物体的位置
7.估计该访客多久没来了

我们可以发现该任务下的眼动呈现典型的小世界网络特征，眼动轨迹较为丰富而分散，同时又相对集中在人脸。第二个任务是估计家庭物质条件，我们可以看见这个任务下的眼动注视区没有上一个自由观看任务那么集中于人脸，而是扩展到了人物上半身以及人物周边的物品。这也很好理解，因为健康状况、衣着、家庭用品都是透露物质条件的关键线索。在第三个任务猜测年龄中，我们可以看到注视非常集中在人脸，并且会从一个人的面孔扫视到该人物的衣着和肢体动作，这些也都是和年龄密切相关的要素。同时对年龄的判断主要依靠个体信息，所以人物之间的来回跳视比较少。在对访客到来之前家人行为推断的第四个任务时，由于这个任务涉及的认知判断比较复杂且高级，所以我们看见该任务下的眼动轨迹存在较多的来回扫视，尝试建立不同环境要素之间的关联以形成潜在假设，并结合我们的生活经验进行推测。在第五个任务衣着记忆中，我们看到了和第三个年龄猜测有点类似的眼动特征，只是对衣着的关注更多。第六个任务空间位置的眼动轨迹是全部任务中跳视最多、最分散的，这说明我们对于空间位置的记忆可能主要依赖物体之间的相互关联和相对位置来实现，很可能是一种情节记忆（episodic memory）。而最后一个判断该访客多久没来的任务，眼动注视再次集中到了人脸。但与第三个年龄估计任务不同，这个任务主要集中在和访客出现视线对视的几位家人上，并且存在更多的来回跳视，说明这种推断可能主要是通过将这几位对视人物的表情神态关联起来才能产生相应的假设推断。

雅布斯的多任务眼动实验说明，在不同动机驱动下，即使给同一个人观看同一张油画，也会有非常不同的信息偏好和眼动轨迹。我们可以用类似雅布斯的多任务眼动实验方法，来分析不同行为动机下对

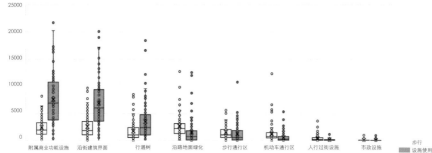

图 2-11　不同行为动机对同一场景的总注视时间分布
图片来源：金伊婕绘制

同一场景的注意力分布（图 2-11），从而帮助我们理解不同使用群
体对于环境需求的异同。在第 5 章的研究中，我们比较了在两侧都是
咖啡店茶馆的街道中，想买咖啡的人和想步行通过的人有怎样不同的
关注点。我们发现，他们都会关注行人、车辆、人行过街设施和两侧
的商店等，但想买咖啡的人会更加关注两侧的商店，包括橱窗、购物
环境、户外广告牌等，并比较对在不同商店消费可享受体验的预期；
而仅想步行通过的人会更关注行进方向（灭点）、斑马线等人行过街
设施。这种关注的差异会带来两种群体在选择走街道哪一侧的问题上
微妙的差异。

　　我喜欢雅布斯眼动实验的原因之一，在于它赋予了观看者明确的
行为任务，从而产生了有趣而合乎常识的差异。相比之下，大部分风
景园林及相关设计专业的眼动实验都是没有任务指示的自由观看。这
可能是由于风景园林涉及的环境一般都是复杂环境，需要较为复杂的
高级认知推断，比如宜人性、安全性、可进入性等，很难赋以像雅布
斯这样效果显著的任务。也因为如此，设计学科的眼动实验设计可能

比一般心理学或计算机视觉的眼动研究存在更多的噪声方差，更难发现显著的差异或规律，或者更难被解释。

我喜欢雅布斯眼动实验的另一个原因，在于它的说服力不仅来自眼动仪捕捉了被试眼动注视轨迹，这种证据具有客观性和科学性，也在于我们可以猜测出背后的原因，而且这种猜测与我们的常识、我们现有认知体系契合得很好。这种与其他理论、知识体系或其他证据资料的互相印证叫作三角检验（triangulation），是质性研究建立信度的重要方法。这种研究思路结合了量化研究的科学证据证明力和质性研究的理论解释力，不仅提升了研究信度，也更符合空间设计学科专业知识生产的特点。很多空间设计关注的问题，常常需要结合具体行为和生活常识进行推测，这本来就是空间设计专业认知世界和积累知识的主要途径。眼动和其他人因测量证据也许能给这些分析推测提供一些更科学的证据支持。这种证据有很多种方式，可以是更偏严格的系统性控制实验，也可以是更偏具体设计低控制的循证设计推敲。为了探索眼动追踪如何能更精准地为具体设计服务，本书所涉及的实验研究，选择了在充分考虑后者的基础上，尽量兼顾前者的研究设计策略。

2.3.2 用眼动注视推敲设计对行为的影响

结合认知心理相关理论和眼动等实证观测，我们理论上可以对注意力操纵有关的那些设计经验进行系统性地推敲，将经验性设计原则量化，触发特定感受或行为。那么这种影响怎么科学系统地实现？虽然尚没有相对成熟的方法，但两个来自其他学科的知识点可能可以给我们一些启示。

第一个是行为经济学的助推理论（nudge theory），它的英文 nudge 是"用胳膊肘轻推"的意思，这可以理解成一种从侧面间接施加影响的方式。经济学上的助推借用了这层引申含义，用来指代通过看似不经意的间接影响，改变人的行为决策。正因决策者通常意识不到这种间接影响的存在，所以助推的方法会比通过直接建议更易接受，也更有效。诺贝尔奖得主理查德·塞勒（Richard Thaler）在其著作《助推：如何做出关于健康、财富与幸福的决策》（*Nudge: Improving Decisions about Health, Wealth, and Happiness*）中介绍了如何在食堂橱窗陈列设计时，把健康的食物组合放在更容易被第一眼看见的地方，从而引导更多的学生选择健康午餐。这种方法叫作可得性偏差（availability heuristic），是一种典型的非理性决策偏差，通过让相关信息变得更容易获得，相关体验更具象生动、更容易被想象出来，从而影响了人们的信息加工进而影响行为选择 [9]。可得性偏差是一种最常用的行为助推手段，类似的思路我们也在健康促进设计中看到，比如把楼梯而不是电梯设置在更加醒目的位置，通过公共区域和活动空间的布局促进运动和社交 [20]；或是通过环境提示、启动效应等一系列的手段鼓励使用者做出更绿色低碳的行为选择 [21]。空间设计研究可以借鉴助推经典的决策行为实验设计，量化评估环境设计对行为或感受的影响。

第二个是广告传播学的行为干预阶梯，提供了进一步量化可得性偏差这类注意力引导过程，并锁定具体空间影响因素的方法。行为干预阶梯，也叫 AIDA 模型，指代行为干预中的四个干预层次（图 2-12）。

注意（Attention）：首先广告的目标传播信息被一部分人们注意到；

兴趣（Interest）：然后这种注意勾起一部分人们的兴趣，以主动

图 2-12　行为干预阶梯 AIDA
模型
图片来源：金伊婕绘制

探索更多信息；

　　欲望（Desire）：一部分兴趣进一步形成有意义的结果，即初步
的购买欲望；

　　行动（Action）：欲望中的一部分经过综合衡量，比如结合限制、
可行性等理性判断，最终转化为行动。

　　行为干预阶梯把广告最终产生的效果（购买行动）拆分成了四个
递进的层级筛选，进而可以更准确地分析问题或断点究竟出现哪个
环节。严格地说，行为干预阶梯应该是一系列的模型[22]，除了上述
四个层次还可以进一步增减其他层次，比如设计学科更为关心的客观
环境暴露（exposure）等。虽然广告学提出这个模型的初衷可能是为
了测量广告对购买行为的助推效果，但我们设计学科可能更感兴趣
AIDA 模型提供的一种理解行为决策的认知框架（虽然可能并不那么
准确适用于复杂得多的环境行为）。在这个认知框架下，每个筛选阶

段都会涉及相应的认知信息加工，同时会或多或少地涉及环境信息的再检索。换句话说，我们可以利用 AIDA 认知框架来分析眼动注视，尝试像图 2–10《不速之客》实验中这样去解读眼动观测背后的认知过程。同时，还可以把设计师想引导的感受或行为纳入这个框架，用于整合不同渠道收集的数据信息，形成系统性的空间设计助推。

　　来看一个将在第 5 章详述的买咖啡行为的具体例子。在一条邻近居住区的生活型街道上，绿化会如何影响行人选择买哪侧商店的咖啡呢？我们对比采用有一定视线遮挡的灌木和开敞的草坪两种底层绿化设计，图 2–13 记录了被试在 8 个咖啡店（左侧 A—D 4 个，右侧对街 E—H 4 个）之间选择时，对于两种场景环境信息搜索的眼动注视。其中，圆圈的大小代表注视的时间，圆圈上的数字代表注视点顺序，颜色表达注视的先后顺序。由于这涉及一个高级决策背后较为复杂的认知加工，所以我们采用了比较长的时间分割，其中 0~5 秒的注视用橙色表示，5~15 秒用青色表示。我们可以看见两者的初始注视是差不多的，即第一个注视点（标 1 的橙色注视点），都是在左侧道路前方、靠近灭点的位置，符合注意的中央偏向（center bias）规律[23]。在第二个阶段（标号靠前的橙色注视点），两个场景中的被试都对街道对侧的店招进行了扫描检索，形成了 AIDA 中的注意。但接下来第三个阶段（青色注视点和标号靠后的橙色注视点），差异就出现了：在绿化遮挡建筑前区时（图 2–13 上），人们的注意力很快就转移到了左侧；而没有遮挡的时候（图 2–13 中），人们的注意力继续停留在右侧。值得注意的是，第三个阶段的眼动注视分布与第二个阶段不太一样，注视点在一两个具体的店铺前呈现明显的空间集聚分布，这是一种更为主动的信息探索，被试在对这一两个店铺进行更深入的考察，这个

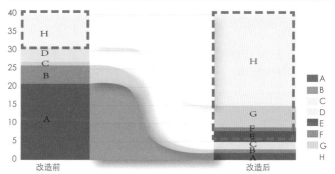

图 2-13　生活型街道绿化带灌木对于两侧设施使用的影响

图片来源：金伊婕绘制

阶段比较接近于 AIDA 中的兴趣和欲望这个环节。在第三个阶段认知中，兴趣和欲望的形成受到信息的影响非常明显。有灌木遮挡的环境并没有比开放的环境更具吸引力，开放的环境使人更容易想象出购买的相关体验，也更容易激发我们的兴趣和使用设施的欲望。但其实，可能是有灌木的环境对坐下来喝一杯咖啡而言是更舒适的。我们会在第 5 章看到完整的例子。

2.4　注意力的空间可视化工具

这些旨在诱发特定感受或行为的注意力引导，是如何通过空间设计实现的呢？这种以目的为导向的注意力设计是否具备典型的空间特征或规律？如果有，能否将其特征规律转换为客观的空间设计准则？要归纳注意力引导的空间规律，甚至发展成设计准则，需要把注视信息汇总到空间，与空间设计的分析框架结合起来总结规律，并推进设计相关的空间认知。

对于风景园林师而言，分析工具的空间化和可视化尤为重要。正如詹姆斯·柯纳（James Corner）主张的 [24, 25]，表达本身影响着我们对世界的认知理解，它们构建了我们对景观的认知框架，参与了我们对景观加工改造的思考过程。可视化工具不仅仅是信息表达和传播的一种更有效的方式，它们直接塑造着我们对于景观的认知和改造。

大部分眼动分析都是建立在二维画面基础上的直观或量化的分析。科学研究需要透过纷杂的现象去寻找背后的本质规律。对于我们空间设计学科，就不可避免地需要跨越不同的景观画面，去寻找眼动注视的特定规律。在二维画面上归纳注视规律，主流的眼动分析主要有两类：一类是注视点数量、分散程度等注视点的画面空间分布特征[26-28]，进而延伸出注视热力（fixation hotspots）、眼动扫视分析（scan-path analysis）等；另一类是画面的具体要素，如人、车、建筑物、标识等[13, 29, 30]，这部分结合兴趣区（area of interest, AOI）分析还可以加入语义分割（semantic segmentation）。也有一些更抽象的量化指标，比如眨眼频率、瞳孔直径等。虽然后者在人因测量上有清晰的指征意义，但受各种外部变量影响较大，因而较难准确解释，所以它们在空间设计研究中使用得相对少一些。

空间设计的知识框架大多依托实体三维空间，而并非二维画面。这种不一样的知识框架好比不一样的度量衡，会让关于注意力引导的研究发现，脱离空间设计独立发展的知识体系难以实现两者的相互交叉、相互助力。所以从空间设计的角度出发，设计学科的研究者需要一种转换工具，把眼动实验中成熟的二维画面分析投射到三维空间中，才可以更好地把眼动注视的发现整合到空间设计的基础认知框架中，帮我们去验证并推进原有的认知，让眼动研究真正助力于空间设计。

举一个例子来说明为什么需要转到三维空间分析。比如前面提到眼动有个规律叫作中央偏好，指的是观察静止的环境场景时，人的注意力（尤其是初始注意）一般自然倾向于画面中心附近的显著景物（比如色彩或形状比较醒目）或者构图的特殊点（比如灭点）。如果我们集中于从二维画面来解释，可能很容易把中心偏好理解成画面几何中心。在这种解释语境下，我们更容易忽视具体观景的空间环境，而仅去关联画面的要素关系，比如空间要素在画面中的位置、大小、颜色等；甚至从更普遍的视知觉规律出发，比如讨论眼球中央凹对中心偏好的影响。这类问题尽管也很有意义，但是对空间设计的实际影响比较有限。在第 7 章中，我们尝试着利用了中心偏好这个规律，把它和线性道路的灭点结合（要注意灭点并不总是视线画面的中心），尝试分析在沿着道路步行的过程中，人的注意力有怎样的空间分布规律。这种分布规律可以进一步去指导街道两侧的界面控制。

如果在三维空间中分析注视特征，我们就需要把观与被观的空间位置一并考虑在内，推敲一系列问题：观景点有哪些实际被游客注意到的景物？这些被注视的景物和观景点之间是什么空间关系（距离、夹角）？观景点的画面在什么范围（视角、视距、面积）？这个画面是如何被限定出来的？如果有行进路线的话，行进方向和被关注的主景呈现怎样的夹角？对比前面以二维画面为基础的问题，这些建立在三维空间基础的问题实际上通过注视行为把观与被观的空间关联起来，更符合空间设计学科思考的方式。第 7 章内容对这些问题进行了初步探索。

2.4.1 工具一：空间视线簇投影

从二维画面到三维空间的映射工具可以有不同的实现途径。詹姆斯·辛普森（James Simpson）提出一种将画面注视热力转化为三维空间注视热力的方法[31]：通过观察者的视点和画面上的注视点，建立在三维模型中从视点到注视点的模拟视线簇，从而投射到三维模型的空间表面。根据问题需要，可以将三维空间的注视热力进一步翻译成建筑立面或街道平面的注视热力。

这种方法可以进一步对注意力的分布进行统计，分析注意力在空间中的统计特征，并论证具体设计问题。比如在第 7 章成都公行道改

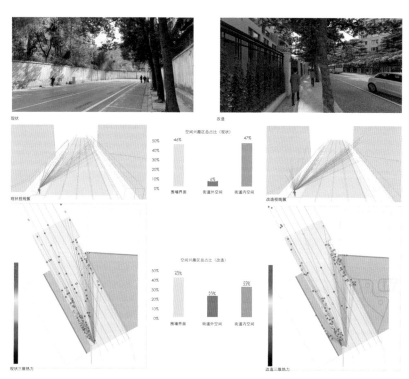

图 2-14　通过注意力的空间统计分布评价改造后的影响
图片来源：熊睿雨绘制

造案例中，通过对注意力分布的空间统计，我们可以量化描述将实体围墙改成栏杆后对可见视域的影响。街道围墙透绿后，人们对环境分配的注意力发生了改变：街道内注意力比例由一半左右下降到了三分之一（图 2-14）。换句话说，街道空间本身的信息不再占据主导地位。所以不难理解为什么这些人在主观评价时，都明显感觉透绿后的街道显得更开敞、舒适、有趣、有文化氛围。

2.4.2　工具二：利用时间标签对注视进行空间统计

除了空间视线簇直接计算外，我们也可以用头戴式眼动仪自带的时间标签分析功能（marker analysis）对注视进行统计。这种时间标签有点类似质性研究中文本分析的标签，也需要人工识别记录。通过查看眼动注视录像，根据需要进行人工手动记录对相应目标物注视的时间段。相对于空间视线簇投影，空间注视的时间标签分析相对快速、简便。它适用于问题和问题涉及的空间分区都比较明确的情况。

比如尝试分析一个街道设计的常识问题：在街道自由行走的观察中，我们的注意力在侧界面（即临街建筑）的上、中、下段究竟是怎么分配的？我们在第3章上海南京路步行街的研究中采用对空间区划进行时间标签的办法，对不同高度建筑立面的注视进行了统计（图2-15）。通过查看单个被试的眼动注视视频回放，对被试注视点停留在临街建筑不同区段的时间段进行标记，并对不同被试的注视信息进行统计分析。

空间注视时间标签分析的统计结果还可以采用更直观的表达方式，方便与设计师和城市管理同行交流。在上面这个例子中，我们并没有直接采用描述统计中常用的饼状统计图，而是把统计结果叠加在典型街道空间上（图2-16）。这种统计数据和街道实景的可视化结果呈现方式，可以更有效地说明我们关注的问题：注意力是怎么分配的？特别地，控制性详细规划层面不同的店招管控政策对这种注意力分配产生了怎样的影响？这种注意力的不同又如何塑造了上海南京路不同路段的景观风貌感受？

标签法的空间统计分析可以进一步与空间视线簇投影方法结合（图2-17），在重点或典型地段结合具体空间进一步分析建筑表皮

图 2-15　通过手动时间标签进行空间统计
图片来源：陈奕言绘制

图 2-16　注视空间统计结果的可视化呈现
图片来源：陈奕言绘制

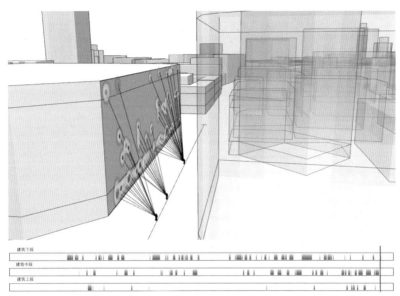

图 2-17　空间统计和空间视线簇投影结合的分析方法
图片来源：陈奕言绘制

或空间设计究竟如何影响了我们的注意力，从而形成这样的注视空间
分布特征。

2.4.3　工具三：利用时间标签绘制感受空间注记

　　将环境信息和感受通过空间注记记录下来，是环境心理研究常用
的一种手法。比如视觉研究中一个有趣的问题是在动态行进中，景观
空间的变化是如何被感受和体验的。在没有眼动工具之前，这个问题
的探索常常只有依靠设计师敏锐的现场感受，并通过照片、手绘、地
图注记等方式把这种现场感受记录下来。比较典型的研究有彭一刚先

生对苏州古典园林动观和景观序列设计手法 [32]，以及唐纳德·阿普尔亚德（Donald Appleyard）和凯文·林奇（Kevin Lynch）合作的波士顿车行道路动观研究 [33]。彭一刚先生和阿普尔亚德的景观动观图示，提供了一种与静观透视分析不同的认知视角。也许对于一些读者而言，阿普尔亚德可能没有林奇那么有名，但他也是个非常擅长设计可视化分析工具的学者，他影响最广的研究可能是宜居街道（livable streets）系列研究中关于车流量对街道社会交往影响的可视化 [34]。阿普尔亚德等人的波士顿城市街道研究中，采用了丰富的现场记录和分析手段，剖析了驾车进入、穿越和离开波士顿的动态体验感受。这种行进中变化的动态感受非常微妙，他们凭借设计师敏锐的场地直觉，采用了一系列的丰富图示话语体系，包括城市意象五要素在内的空间要素系统、描述动态感受变化的空间感受系统、融合现场照片和场地速写的景观感受等。

在阿普尔亚德等人的空间感受注记法上，我们可以进一步叠加眼动证据，将一些传统只能采用定性研究的景观视觉感受问题科学化、定量化，把原本抽象的景观感受用更加直观、清晰的方式呈现出来。我们就采用了该方法，在设计咨询项目中用来分析应该如何改进门户节点的设计，从而更好地塑造城市进入感（图2-18）。通过时间标签，我们可以清晰地看到从高速公路下匝口进入城市门户节点的过程中，关键城市地标的可见度和被注意程度，以及近处植物围合的视野封闭和开敞的变化动态过程。同时门户节点的眼动注视轨迹也有助于设计师推敲地标和周围环境合适的尺度关系。从这个案例可以发现，眼动追踪和感受注记结合的办法可以更清晰地、定量地系统化呈现进入城市的动线感受。

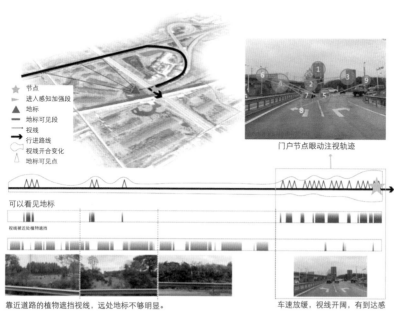

门户节点眼动注视轨迹

可以看见地标

视线被近处植物遮挡

靠近道路的植物遮挡视线，远处地标不够明显。

车速放缓，视线开阔，有到达感

图 2-18　在动态道路感受注记法基础上叠加眼动数据，分析城市门户的进入感塑造
图片来源：李晔绘制

参考文献

[1]　丁文魁.风景科学导论 [M].上海：上海科技教育出版社，1993.

[2]　LEWIS P F. Learning from looking: geographic and other writings about the American cutrual landscape [J]. American Quaterly, 1983, 35(03): 242–261.

[3]　王建国、杨俊宴、陈宇、等.西湖城市"景—观"互动的规划理论与技术探索 [J]. 城市规划，2013(10)：14–19, 70.

[4]　TUAN Y F. Topophilia: a study of environmental perception, attitudes, and values[M]. New York: Columbia University Press, 1990.

[5]　杨锐."风景"释义 [J]. 中国园林，2010, 26(09): 1–3.

[6]　刘滨谊、张亭.基于视觉感受的景观空间序列组织 [J]. 中国园林，2010, 26(11): 31–35.

[7] KAHNEMAN D. Thinking, fast and slow[M]. New York: Farrar, Straus and Giroux, 2011.

[8] KANDEL E R, SCHWARTZ J H, JESSELL T M, et al. Principles of neural science[M]. New York: McGraw-Hill Medical, 2013.

[9] KAHNEMAN D, TVERSKY A. Judgment under uncertainty: heuristics and biases[J]. Science, 1974, 185(4157): 1124-1131.

[10] CORBETTA M, SHULMAN G L. Control of goal-directed and stimulus-driven attention in the brain [J]. Nature Reviews Neuroscience, 2002, 3(03): 201-215.

[11] ITTI L, KOCH C, NIEBUR E. A model of saliency-based visual attention for rapid scene analysis[J]. IEEE Transactions on pattern analysis and machine intelligence, 1998, 20(11): 1254-1259.

[12] ITTI L, KOCH C. Computational modelling of visual attention[J]. Nature Reviews Neuroscience, 2001, 2(03): 194-203.

[13] AMATI M, GHANBARI P E, MCCARTHY C, et al. How eye-catching are natural features when walking through a park? Eye-tracking responses to videos of walks[J]. Urban Forestry & Urban Greening, 2018, 31: 67-78.

[14] SIMPSON J. Street DNA: the who, where and what of visual wngagement with the urban street[J]. Journal of Landscape Architecture, 2018, 13(01): 50-57.

[15] SIMPSON J, FREETH M, SIMPSON K J, et al. Visual engagement with urban street edges: insights using mobile eye-tracking[J]. Journal of Urbanism: International Research on Placemaking and Urban Sustainability, 2019, 12(03): 259-278.

[16] WALKER P. Minimalism in the garden[J]. The Antioch Review, 2006, 64(02): 206-210.

[17] CHEREM G J, DRIVER B. Visitor employed photography: a technique to measure common perceptions of natural environments[J]. Journal of Leisure Research, 1983, 15(01): 65-83.

[18] CHENOWETH R. Visitor employed photography: a potential tool for landscape architecture[J]. Landscape Journal, 1984, 3(02): 136-143.

[19] YARBUS A L. Eye movements and vision[M]. New York: Springer, 1967.

[20] KERR J, CARLSON J A, SALLIS J F, et al. Assessing health-related resources in senior living residences[J]. Journal of Aging Studies, 2011, 25(03): 206-214.

[21] BYERLY H, BALMFORD A, FERRARO P J, et al. Nudging pro-environmental behavior: evidence and opportunities[J]. Frontiers in Ecology and the Environment, 2018, 16(03): 159-168.

[22] BARRY T E. The development of the hierarchy of effects: an historical perspective[J]. Current issues and Research in Advertising, 1987, 10(1-2): 251-295.

[23] TSENG P-H, CARMI R, CAMERON I G M, et al. Quantifying center bias of observers in free viewing of dynamic natural scenes[J]. Journal of Vision, 2009, 9(07): 4.

[24] CORNER J. Representation and landscape: drawing and making in the landscape medium[J]. Word & Image, 1992, 8(03): 243-275.

[25] CORNER J. The agency of mapping: speculation, critique and invention[M]//COSGROVE D. Mappings. London: Reaktion, 1999: 213-252.

[26] WANG Y, SPARKS B A. An eye-tracking study of tourism photo stimuli: image characteristics and ethnicity[J]. Journal of Travel Research, 2014, 55(05): 588-602.

[27] DUPONT L, ANTROP M, VAN EETVELDE V. Does landscape related expertise influence the visual perception of landscape photographs? Implications for participatory landscape planning and management[J]. Landscape and Urban Planning, 2015, 141: 68-77.

[28] FRANĚK M, ŠEFARA D, PETRUŽÁLEK J, et al. Differences in eye movements while viewing images with various levels of restorativeness[J]. Journal of Environmental Psychology, 2018, 57: 10-16.

[29] EINHÄUSER W, SPAIN M, PERONA P. Objects predict fixations better than early saliency[J]. Journal of Vision, 2008, 8(14): 18.

[30] NOMOTO K, SHIMOSAKA T, SATO R. Comparison of gaze behavior among Japanese residents, Japanese visitors, and non-Japanese visitors while walking a street[C]//2018 Joint 10th International Conference on Soft Computing and Intelligent Systems (SCIS) and 19th International Symposium on Advanced Intelligent Systems (ISIS). IEEE, 2018: 693-697.

[31] SIMPSON J. Three-dimensional gaze projection heat-mapping of outdoor mobile eye-tracking data[J]. Interdisciplinary Journal of Signage and Wayfinding, 2021, 5(01): 62-82.

[32] 彭一刚. 中国古典园林分析 [M]. 北京 : 中国建筑工业出版社 , 1986.

[33] APPLEYARD D, LYNCH K, MYER J R. The view from the road[M]. Cambridge, Mass.: MIT Press, 1964.

[34] APPLEYARD D, GERSON M S, LINTELL M. Livable streets protected neighborhoods[M]. Berkeley: Institute of Urban and Regional Development, University of California, 1977.

眼动追踪支持的风貌诊断

第3章 探索性诊断：上海南京路步行街 1

在开始着手眼动追踪实验研究的时候，研究者首先要进行实验设计。在这个阶段，他们通常会面临一个选择：应该选择头戴式还是桌面式眼动仪？两类仪器有不同的强项和弱点，需要根据不同的研究问题，结合具体案例的限制条件和适用情况，做出适合研究的选择。为了回应这个问题，围绕南京路步行街景观感受这一共同研究对象，第3章和第4章比较了基于不同研究目的的两种实验设计。在开始研究时，因为不确定南京路的丰富空间中具体哪些因素对景观感受和注意力产生影响，所以我们先进行了一个在实景环境下的探索性研究。在进一步明确具体影响因素后，我们将在第4章进行实验室控制实验的量化研究。

3.1 实验背景和研究设计

3.1.1 实验背景

街道不仅是城市交通的重要载体，也是城市社会活动的主要场所。其中，随着城市快速发展，商业步行街逐渐从单纯提供商业服务向展现特定景观风貌、承载多元活动发展，成为城市社会生活的重要场所[1]。

　　国内外研究者针对街道中的行为活动和景观体验，开展了基于观察调研的认知学体验分析，开发了各种研究工具和量表，通过行为观察、问卷调研、深度访谈等方法采集数据，来衡量使用者活动和行为心理。研究工具包括广为人知的凯文·林奇提出的城市意象五要素（city image and its five elements）及认知地图（cognitive mapping）[2, 3]，研究方法包括扬·盖尔提出的立足场地调查和行为观察的"公共空间——公共生活"调研法（public space & public life survey）[4, 5]，以及查尔斯·埃哲顿·奥斯顾德提出的立足于心理实验的 SD 语义解析法（semantic differential）[6]。随着生理学与心理学研究的推进，基于生理反馈的情绪体验捕捉 [7] 和注重生态效度的主观体验评价 [8–10] 等创新性方法也相继被提出。然而，由于环境体验和感受本身的非物质特征，这些研究虽然一定程度上衡量了使用者在空间中的体验感受与情感记忆，但却很难有效支持具体空间要素层面的设计应用。

　　眼动追踪技术可以记录人眼球的客观运动，提供毫秒级的追踪响应，能够精准捕捉人对环境的快速认知加工 [11, 12]，可帮助研究者直观理解从空间要素到行为决策的视觉认知过程，因此近年来已在人因评价 [13]、环境体验 [14] 等领域得到了越来越多的应用。其中，不少景观感受和街道体验相关的研究不设置具体的行为活动情境，以进行自由观察为主 [15–19]，或围绕具体目的设置建筑立面、绿化、天空、地面等多种环境因素的正交实验设计，考察这些环境因素对注视的影响 [20–22]。但是，由于人们对于同一场景或画面的认知及偏好不是绝对的 [23]，在空间的探索中，不同的情境和目的会导致不同的关注 [24–26]，若没有清晰的任务引导，往往无法达到期望的实验效果。如欧洲一项研究 [27] 在利用眼动仪研究人们是如何感知和观察风景时，仅让参与者无目的地观察风景照片，最终只得出全景照片和细节照片的观察方式不同于其他类型照片的结论，没有揭示任何与环境要素或风景体验相关的有益结论。同样地，眼动追踪技术也需要结合特定任务和行为实验。因此，本研究在眼动实验中设置行为任务还原人们在街道中游逛时的真实状态和行为活动，以准确理解认知过程。

综上，为了解人们在步行街上的注意力分布情况，更加直观地理解从环境要素到行为决策的视觉认知过程，本研究选用眼动追踪技术进行探索性的眼动实景实验，并在眼动实验中设置行为任务，还原人们在街道中游逛时的真实状态和行为活动的同时激发真实的行为决策，以捕捉分析更加贴近实际情况、真实可靠的眼动注视情况。具体研究问题包括：①不同环境要素间的注视情况有何差异；②哪些环境要素和空间对景观体验起到了重要作用；③环境要素具体如何引导行为决策。

3.1.2　实验总体设计

本研究采用眼动现场实验，使用 60 Hz 高采样频率[28] 的 Ergoneers Dikablis 头戴式眼动追踪仪，并设置行为任务诱发行人在街道中的真实决策。任务包括用提示语限定具体生活场景的自由行走观察及特定行为任务两类，均真实还原了行人在街道环境中的常见行为：前者使参与者佩戴眼动仪在实景环境中自由观察，还原其日常游逛时的视觉认知状态；后者通过特定行为任务（包括目的地选择、兴趣点拍照及深度访谈）进行引导，用于理解空间体验相关重要事件的视觉认知过程。

此外，本研究注重理解自然状态下行人的真实认知和行为，因此采用小样本进行深度系统性挖掘[29, 30]。这类深度分析把结论对实践学科的价值放在第一位，适当降低了对于样本和控制的考虑[31]。本研究选用此类研究常见的 6~8 人样本规模，并遵循"理论抽样"（theoretical sampling）[1][32] 和"理论饱和"（informational satura-tion）[2][33] 原则，旨在进行一次基于小样本的探索性质性研究。

3.1.3 项目背景和实验场地选择

本研究选择上海市南京路步行街作为研究对象。南京路步行街（以下简称"步行街"）是上海公认的高活力公共空间，素有"中华第一街"的美誉[34]，具有高度丰富的信息和视觉刺激，利于进行各类自然状态下的行为实验。步行街 21 世纪初改造建成初期，客流量显著上升[35]，取得了巨大的经济社会效益，在 2020 年 9 月初完成东拓，从西藏南路绵延至外滩，全长 1 599 m[34-36]。

结合南京路现有研究[37-41]，中段是步行街原本路段中的典型路段，东拓段在 2021 年改造完成且与步行街原本路段整体风格有一定差异，因此各截取一段进行考察：研究选取步行街中段（湖北路—河南中路部分路段，长 225 m）和东拓段（河南中路—中山东一路部分路段，长 175 m）开展实验。

1　"理论抽样"是常用于"扎根理论"（grounded theory）研究进行理论建构时确定访谈样本的标准，即对访谈内容建立假设并产出结论，根据理论建构本身的完整性确定是否补充访谈、要补充哪些访谈的标准（来源：本章参考文献 [32]）。

2　"理论饱和"（theoretical saturation），即当访谈中获得的信息开始重复，不再有新的、重要的主题出现时，就可以认为信息已经饱和，不再需要继续进行更多参与者的访谈（来源：本章参考文献 [33]）。

3.1.4 现场实验流程

实验流程及主要任务选点空间分布如图 3–1、图 3–2 所示。其中，考虑到参与者自由行走观察与兴趣点拍照在街道上常同时发生，因此实验中要求参与者同时进行。

在完成基础信息问卷填写、眼动仪佩戴校准后，参与者首先在河南中路路口进行目的地选择任务：要求参与者观察步行街中段和东拓段两个方向后，选择想先游逛的方向，接着进行自由行走观察和兴趣点拍照。自由行走观察时通过提示语引导参与者假想街道常见的生活化场景，如"假设自己于闲暇时光与朋友共同游逛步行街""按日常习惯行走，随时可以停下观察或靠近感兴趣的人或物"等，同时行走过程中可以随时拍照记录感兴趣的内容。在此过程中，眼动仪全程记录参与者注视情况，同时搭载录音设备进行录音。参与者在中段和

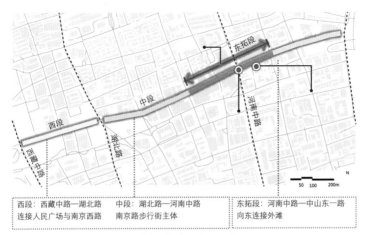

西段：西藏中路—湖北路 连接人民广场与南京西路	中段：湖北路—河南中路 南京路步行街主体	东拓段：河南中路—中山东一路 向东连接外滩

图 3–1 实验路段及主要任务环节选点空间分布
图片来源：陈奕言、李晔绘制

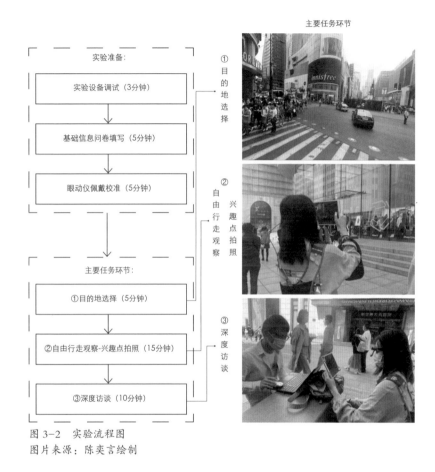

图 3-2 实验流程图
图片来源：陈奕言绘制

东拓段规定路段各行走一个来回后，最后于指定地点完成深度访谈。深度访谈就目的地选择结果及其理由、自由行走观察中对两个路段的整体印象、每张照片的拍摄理由进行提问，并要求参与者在自己所拍摄的照片中挑选 3 张最喜爱的并说明理由。在此过程中，确保参与者完整、清晰地回答所有问题。

研究选择步行街游客作为实验参与者，以确保样本的代表性和真实性。根据现有研究，步行街来访主体为青年（18~40 周岁）[42]，占总访客人数的 50% 以上，且近年来占比逐渐增大 [43]；同时，游客的职业类型以学生和公司职员为主 [42]。基于此，本实验将参与者要求设定为：年龄 18~40 周岁，职业类型为学生或公司职员，裸眼或矫正视力达 1.0 以上，无色盲、色弱等视觉缺陷或眼部疾病，听力正常。实验最终招募并筛选了共 7 名参与者，3 名女性 4 名男性，5 位学生 2 位公司职员，且近半年内均常住上海。实验于 2020 年 10 月 31 日和 11 月 1 日完成，两日实验期间的天气情况相似，每位参与者的实验过程控制在 40 分钟左右，研究人员全程跟随。

3.1.5　数据分析方法

研究将采集到的数据分为"纯眼动数据"和"与行为相关的眼动数据"两类。此外，一些和眼动关系较弱但也反映了感受和体验的数据被归为"纯行为数据"。研究对这三类进行了综合处理分析。

1）纯眼动数据的分析中，为了直观反映注视分布，研究采用眼动研究中常用的眼动兴趣区分析法 [44]，即限定具体感兴趣的分析区域或要素为眼动兴趣区，并统计兴趣区内的累积注视时长和占比。

2）与行为相关的眼动数据除采用眼动兴趣区分析外，为探究行为决策相关的认知过程，也使用眼动扫视轨迹分析来分析环境要素的注视先后顺序。

3）纯行为数据包括拍摄的照片和深度访谈内容，研究对此类数据进行了整理编码分类统计，以系统挖掘主观心理感受。

以上数据在综合处理分析前均进行了有效片段的提取，包括目的

地选择任务中任务指令发出后 5 秒的眼动数据、兴趣点拍照中截取拍
照前 3 秒的眼动数据、自由行走观察截取全程眼动数据等。

本研究中，眼动兴趣区分析包括"自动语义分割与人工识别结合"
和"计算环境要素的信息密度"两个关键分析步骤。

由于采集的眼动数据量巨大，数据分析需要围绕不同目的人工来
回逐帧标注，耗时耗力，通常长度 10 分钟的数据，人工分析约需 8 小时。
因此，我们采用周博磊等人 [45] 训练的 ADE20k 街景标签数据库进行
图像语义分割，该数据集是 MIT Computer Vision 团队发布的最大的语
义分割和场景解析的开源数据集，并由同济大学软件学院计算机视觉
课题组协助开发了结合计算机语义分割的眼动自动兴趣区分析软件。
该软件可实现对各环境要素注视情况的自动化批量识别，提高了数据
分析效率（图 3-3）。然而，由于自动语义分割的精度限制，一些与
街道体验密切相关的要素和区域（如外挂店招、建筑入口空间、电子
屏幕等）无法被精准识别出来，因此这些重要兴趣区需要人工识别和
统计其注视量，并将眼动仪前置摄像头记录的街道场景画面叠加统计
数据以获得直观的可视化结果 [46]。综上，本研究使用自动语义分割
与人工识别结合的方法来统计各环境要素的注视情况。

此外，环境要素被注视的时长很大程度上受其视觉面积影响 [47]，
为了客观反映各要素对注意力的吸引程度，本研究引入"信息密度"
（information density）这一指标 [1]——主观注视占比（注视比例）与客
观画面面积占比（暴露比例）的比值，用于描述单位面积下的信息输

---

1 有文献计算过类似的指标，如本章参考文献 [44]，但研究者未对此指标命名，仅叫作"二
者比值"；本文中将该指标命名为"信息密度"。

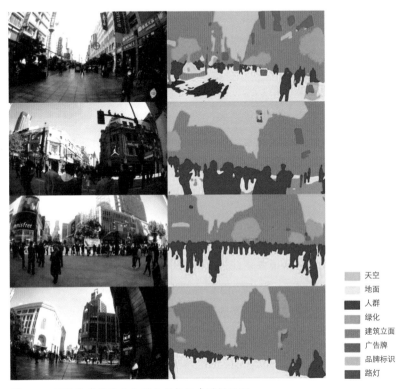

天空
地面
人群
绿化
建筑立面
广告牌
品牌标识
路灯

图 3-3　环境要素的语义分割与兴趣区自动批处理
图片来源：陈奕言绘制

入效率，具体如式（3-1）。

$$I_i = \left(\frac{D_i}{\sum_{j=1}^{n} D_j}\right) \bigg/ \left(\frac{A_i}{\sum_{j=1}^{n} A_j}\right) \qquad (3\text{-}1)$$

式中，I_i 表示第 i 个要素的信息密度；D_i 是第 i 个要素的累积注视时间（ms）；$\sum_{j=1}^{n} D_j$ 是画面中 n 个要素全部的注视时间累积之和（ms）；

A_i 是第 i 个要素的客观画面面积（px）；$\sum\limits_{j=1}^{n} A_j$ 是画面中 n 个要素全部的客观画面面积之和（px）。

其中，注视比例和暴露比例的取值范围均为 0~100%。当信息密度为 0~1 时，表示注视比例低于暴露比例；当大于 1 时，表示注视比例高于暴露比例。如果把客观视觉面积占比的对象从单个环境要素扩大到其他对空间设计更有价值的兴趣区（如建筑底层空间、街道设施等），信息密度就可以广义地描述直觉系统的信息偏好，而无论是环境要素偏好还是兴趣区偏好的识别和系统干预，都可以帮助街道空间设计更好地引导使用者的注意力，从而诱发特定感受或行为。

3.2 研究结果

3.2.1 环境要素存在信息密度差异

目的地选择任务中，我们发现环境要素的信息密度存在显著差异。本研究按 ADE20k 街景标签数据库中的环境要素划分，确定了 9 类环境要素（天空、地面、建筑立面、人群、绿化、建筑入口空间、电子屏幕、品牌标识和外挂店招），统计各环境要素信息密度的平均值后，研究根据信息密度的高低将各要素划分为低（0，1]、中（1，2]、高（2，∞）三级（表 3-1，图 3-4，图 3-5）：外挂店招、建筑入口空间、品牌标识和电子屏幕的信息密度最高，其次是绿化、人群，建筑立面、天空和地面最低。

表 3-1　各环境要素信息密度统计

环境要素		中段			东拓段			总体		
		注视比例	暴露比例	信息密度	注视比例	暴露比例	信息密度	注视比例	暴露比例	信息密度
低信息密度要素 (0, 1]	天空	1.57%	13.90%	0.11	1.86%	7.82%	0.24	1.71%	10.86%	0.16
	地面	13.04%	20.27%	0.64	9.65%	26.35%	0.37	11.41%	23.31%	0.49
	建筑立面	21.50%	26.60%	0.81	30.41%	34.85%	0.87	25.78%	30.73%	0.84
中信息密度要素 (1, 2]	人群	15.34%	12.52%	1.23	13.66%	10.17%	1.34	14.50%	11.35%	1.28
	绿化	9.70%	5.31%	1.83	3.30%	2.33%	1.42	6.50%	3.82%	1.70
高信息密度要素 (2, ∞)	品牌标识	2.86%	1.43%	2.00	2.56%	1.09%	2.35	2.72%	1.26%	2.16
	电子屏幕	5.70%	2.13%	2.68	5.30%	2.63%	2.02	5.50%	2.38%	2.31
	建筑入口空间	19.28%	9.04%	2.13	22.68%	8.08%	2.81	20.98%	8.56%	2.45
	外挂店招	9.20%	1.94%	4.74	/	/	/	4.74%	0.97%	4.89

图 3-4　中段方向各环境要素信息密度
图片来源：陈奕言绘制

图 3-5　东拓段方向各环境要素信息密度
图片来源：陈奕言绘制

高信息密度要素中，外挂店招以绝对优势占据第一（总信息密度 4.89），其客观视觉面积极低（0.97%），且仅出现在中段步行街中。而电子屏幕和品牌标识（总信息密度分别为 2.31 和 2.16）也以极低的暴露比例（分别为 2.38% 和 1.26%）获得了相当多的注视。建筑入口空间等具有透明性与开放性特征的环境要素，也以较低的暴露比例（8.56%）得到了较多的关注（20.98%）。

低信息密度要素中，建筑立面去除建筑入口空间、外挂店招等要素后的其余部分，虽然具有最高的总体注视比例（25.78%），但其总暴露比例也很高（30.73%），导致其总信息密度并不高；天空和地面的信息密度最低（总信息密度分别为 0.16 和 0.49），尤其是天空，虽然在视野中面积也较大，却得到了极少的关注。

可见，视觉面积占比最大的要素不一定能得到最多的关注，而一些环境要素虽然视觉面积占比非常小，却可以吸引很多的关注。因此，我们有理由相信，当人们在街道中搜索信息时，倾向于关注建筑入口空间、外挂店招等反映空间活动内容和状况的高信息密度要素；绿化和人群可能因为也在一定程度上反映了环境的舒适度和场地的维护情况，也被认为提供了部分有效空间信息；而视觉面积占比较大而信息较少的天空和地面则容易被忽略。

3.2.2 街道空间中高信息密度环境要素的系统控制容易形成独特风貌感受

自由行走观察任务中，研究发现步行街中段的外挂店招、电子屏幕等高信息密度要素集中出现在街道侧界面的中部。为了解这种设置对注视和感受有何影响，研究除统计街道侧界面、顶界面和底界面外，根据建筑楼层将侧界面进一步划分为上部（裙房顶层及以上）、中部、下部（底层）并统计其注视分布。

整体而言，街道侧界面的注视显著高于底界面和顶界面，而侧界面中东拓段的注视集中在下部，中段集中在下部和中部（表 3-2，图 3-6、图 3-7）。

表 3-2　自由行走观察任务中街道各空间界面的注视比例

位置	街道空间界面				
	街道侧界面			街道顶界面	街道底界面
	下部	中部	上部		
中段	28.30%	24.20%	5.87%	1.60%	24.55%
东拓段	38.05%	16.16%	12.94%	0.15%	19.25%

图 3-6　中段街道侧界面上、中、下三部分的注视分布

图片来源：陈奕言绘制

图 3-7 东拓段街道侧界面上、中、下三部分的注视分布
图片来源：陈奕言绘制

具体来说，在步行街中段，虽然侧界面下部的注视最多（28.30%），但中部也获得了与下部相近的注视比例（24.20%）。现有研究表明，街道中人的关注主要集中在建筑底层空间[24, 48]，即侧界面的下部，而中部和下部有同等被注视程度的情况并不常见。访谈中参与者对步行街中段的评价多提到"热闹繁华""有趣丰富""很有特色"等描述，并在被问到理由时，均提到"不常见的外挂式店招""大型的电子广告屏幕""有年代感的建筑装饰"等出现在侧界面中部的环境要素。此外，研究团队也注意到参与者在实验中除眼球运动外，也多次出现抬头、转头、转身等观察建筑物中高层空间的头部和肢体运动。一般人行走时水平方向的视域可达到两侧各90°的范围，而向上和向下的垂直视域是非常有限的，为了看清楚行走路线，视轴线甚至会向下偏移10°[4]，因此行走时视线会相对集中在街道侧界面的下部。但当高信息密度要素被调整至一定高度时，人们会很快适应并对哪里可

以获得更多信息产生了新的判断，继而将更多注意力转向具有一定高度的区域。由于步行街中段将各类极具特色和年代感的外挂店招、电子屏幕集中设置在街道侧界面中部，并包含建筑山花、转角等丰富的装饰细节，创造了一个不同于一般街道的空间层次和注意集中区域，由此改变了人的基本预期，而视线仰角的变化也使得访客不断抬头、转头、转身等；在此过程中，参与者的视觉体验变得应接不暇，从而在一定程度上获得了"独特""丰富""鲜明"的景观风貌感受。

3.2.3 个人情感促进环境吸引力的形成

通过兴趣点拍照任务中参与者拍摄的照片的分类统计，并结合拍照前的眼动注视轨迹和深度访谈，可以理解与环境吸引力相关的视觉认知过程。针对参与者提供的拍照理由，研究采用文本编码分析，依照环境吸引力的类型将照片分为核心印象（42张）、独特体验（32张）和个人经历（8张）三类（图3-8）。

1）核心印象类照片反映了街道独特的场景或节点，同时参与者在深度访谈中提到"南京路特色""别的地方没有"等描述，如"各式各样""色彩丰富"的外挂店招林立的街道空间（7号照片），"人挤人""浩浩荡荡"的密集的人群（13号照片）等。

2）独特体验类照片反映了参与者感知到的有趣的、与日常生活差异较大的内容，如独特的橱窗装饰（2号照片）、穿着熊猫玩偶服招揽客人的店铺（8号照片）等。

3）个人经历类照片反映了能够激发参与者联想的场景或节点，参与者提到"曾经来过""与熟悉的影视作品相关"等描述，如街道尽头的世贸大楼（4号照片）、外滩中心大楼（22号照片）等。

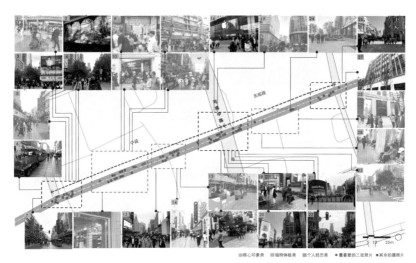

图 3-8　核心印象、独特体验、个人经历三类照片拍摄情况及被挑选为"最喜爱的 3 张"的情况
注：图中未展示参与者拍摄的全部照片，去除了拍摄内容相同的部分。
图片来源：陈奕言绘制

　　虽然个人经历类照片数量不多（仅占照片总数的 10%），但相对其他两类照片，其被选为"最喜爱的 3 张照片"的比例最高，高达 63%，远高于核心印象类照片的 33% 和独特体验类照片的 6%（表3-4）。这说明当体验与个人经历产生关联时，容易形成情感联结，从而成为整个街道体验中"最喜爱"的部分。

表 3-4　参与者陈述的个人经历类照片拍摄理由

照片编号	拍摄内容	参与者陈述的拍摄理由	是否选为"最喜爱的3张照片"
3		"因为我觉得这个老凤祥的广告牌挺复古的……很像我小时候来上海见过的那种，当时电视广告里也有这种类似的，很有老上海调调。"	是
4		"路尽头可以看见世贸大厦，两个角的建筑比较特别，我印象里的南京东路就是这样，可以一直看到这个建筑。"	否
18		"因为我看前面路口是红灯嘛，就走得慢，路过这个小卖部仔细看了下，好像是卖上海雪花膏的，之前来都没注意，上回我朋友来我刚带她在别的地方买过，挺有意思的。"	是
19		"我刚来上海的时候，第一次来南京路就在这里和朋友合影过，当时我们几个玩到深夜，街上都没几个人了，确实很难忘啊，挺怀念当时的。"	是
		"我读本科时候，我妈来看我，当时带她来南京路就在这拍过游客照。"	否
22		"这张我是想拍前面的外滩中心大楼……我小时候来这儿最喜欢的就是这个楼，特别是晚上，那时候觉得顶上的灯亮起来特别好看，确实也很少楼会做这种造型吧。"	是
26		"前面就是和平饭店啊，快到外滩了，上回我和朋友在外滩坐了很久，我每次来都觉得晚上灯亮以后这个楼的绿顶还是很好看的。"	是
27		"这个建筑特别像我前阵子看的一个电视剧里的，就是主角的办公楼，几乎一模一样，我都怀疑是不是就是在这取景的，特别这种纹理特别像。"	否

图 3-9　参与者拍摄的照片和叠加注视及眼跳的眼动轨迹画面
图片来源：陈奕言绘制

　　结合眼动轨迹，可以进一步理解个人经历类照片被选中的原因。19 号照片（图 3-9）是一名参与者在中段入口的标志性元素——"南京路步行街"大理石标识牌附近拍摄的照片，拍摄前 3 秒的注视顺序说明其首先注意到标识牌前拍照的人和被拍的人，接着观察了标识牌，从而对人的拍照行为进行理解，之后又反复观察了人和标识牌，在此过程中联想到曾经拍照的经历，最后观察了花坛以考量通行的可能，最终决定就地拍摄。

　　实验结果显示，当环境体验与个人经历相关并被赋予情感价值时（即产生了情感共鸣），容易导致正向的认知判断结果，促进环境吸引力的形成。

3.3 总结：信息密度高的环境要素对风貌感受影响更重要

本研究采用眼动追踪技术，直观理解从环境要素到行为决策的认知过程，为街道的空间体验研究提供了新的思路。同时，通过眼动数据分析结合深度访谈的研究方法，将定性研究中个人经历、情感记忆等非物质的认知因素与具体的物质空间建立起直接联系，为此类因素的分析提供了有效手段。此外，研究在真实场景中设置与街道体验相关的任务，并针对特定行为目的尝试理解认知加工中不同要素间的关系，利于更好理解整个认知过程，拓展了现有的主流研究路径。本研究的主要结论包括以下几点。

1）以南京路为代表的商业步行街中，环境要素具有显著的信息密度差异。在南京路步行街中，外挂店招、建筑入口空间、电子屏幕、品牌标识等信息密度最高，其次是绿化、人群。高信息密度要素，尤其是外挂式店招的客观视觉面积占比极小，但对人的综合感受及对街道整体形象的影响较大，在相关空间设计中应当予以重点关注。

2）高信息密度要素的系统性设计或调整容易形成独特风貌感受。在南京路步行街中，通过外挂店招等高信息密度要素的系统设计，大大强化了建筑物中部的受关注程度，从而形成了不同于其他街道的景观风貌感受和特质，大大提高了设计干预的效果。上海市黄浦区政府近年在对南京路进行系统改造提升时，也坚持对建筑物中部以外挂店招为主的环境要素进行保留修缮，此举有效延续了步行街的核心特色和景观风貌。在其他城市空间设计中，也应注意识别此类高信息密度的环境要素，以及它们对使用者空间认知和行为活动的影响，从而促进特定感受和行为活动的发生，提高空间环境的整体设计品质。

参考文献

[1] 卫明，张艳华.创造"以人为本"的城市商业步行系统 [J].城市规划汇刊，2000(01): 20–22, 79.

[2] LYNCH K A. The image of the city[M]. Cambridge, Mass.: MIT Press, 1962.

[3] APPLEYARD D, LYNCH K, MYER J R. The view from the road [M]. Cambridge, Mass.: MIT press, 1964.

[4] GEHL J. Life between buildings[M]. Copenhagen: The Danish Architectural Press, 2003.

[5] 赵春丽，杨滨章，刘岱宗.PSPL 调研法：城市公共空间和公共生活质量的评价方法——扬·盖尔城市公共空间设计理论与方法探析 (3)[J].中国园林，2012, 28(09): 34–38.

[6] OSGOOD C E, SUCI G J, TANNENBAUM P H. The measurement of meaning[M]. Champaign, Ill.: University of Illinois press, 1957.

[7] VENABLES P H. Autonomic activity[J]. Annals of the New York Academy of Sciences, 1991, 620(01): 191–207.

[8] CSIKSZENTMIHALYI M, LARSON R, PRESCOTT S. The ecology of adolescent activity and experience[J]. Journal of Youth and Adolescence, 1977, 6(03): 281–294.

[9] HAYWOOD K M. Visitor–employed photography: an urban visit assessment[J]. Journal of Travel Research, 1990, 29(01): 25–29.

[10] STRAUSS A L. Qualitative analysis for social scientists[M]. Cambridge: Cambridge university press, 1987.

[11] YARBUS A L. Eye movements and vision[M]. New York: Springer, 2013.

[12] CARLOS M, HAMAMÉ, JUAN R, et al. Functional selectivity in the human occipitotemporal cortex during natural vision: evidence from combined intracranial EEG and eye–tracking[J]. NeuroImage, 2014, 95: 276–286.

[13] SHOVAL N, SCHVIMER Y, TAMIR M. Real–time measurement of tourists' objective

and subjective emotions in time and space[J]. Journal of Travel Research, 2017, 57(01): 3-16.

[14] SCOTT N, ZHANG R, LE D, et al. A review of eye-tracking research in tourism[J]. Current Issues in Tourism, 2019, 22(10): 1244-1261.

[15] POTOCKA I. The lakescape in the eyes of a tourist[J]. Quaestiones Geographicae, 2013, 32(03): 85-97.

[16] NOMOTO K, SHIMOSAKA T, SATO R. Comparison of gaze behavior among Japanese residents, Japanese visitors, and non-Japanese visitors while walking a street[C]//2018 Joint 10th International Conference on Soft Computing and Intelligent Systems (SCIS) and 19th International Symposium on Advanced Intelligent Systems (ISIS). IEEE, 2018: 693-697.

[17] KIEFER P, GIANNOPOULOS I, KREMER D, et al. Starting to get bored: an outdoor eye tracking study of tourists exploring a city panorama[M]// Proceedings of the Symposium on Eye Tracking Research and Applications. Safety Harbor, Florida: Association for Computing Machinery, 2014: 315.

[18] BERTO R, MASSACCESI S, PASINI M. Do eye movements measured across high and low fascination photographs differ? Addressing Kaplan's fascination hypothesis[J]. Journal of Environmental Psychology, 2008, 28(02): 185-191.

[19] FRAN91. Environmental Psychology high and low fascination photographs differ? Addressing dag study of tourists exploring a city pano[J]. Journal of Environmental Psychology, 2018(57): 10-16.

[20] NOLAND R B, WEINER M D, GAO D, et al. Eye-tracking technology, visual preference surveys, and urban design: preliminary evidence of an effective methodology[J]. Journal of Urbanism: International Research on Placemaking and Urban Sustainability, 2017, 10(01): 98-110.

[21] NORDH H, HAGERHALL C M, HOLMQVIST K. Tracking restorative components: patterns in eye movements as a consequence of a restorative rating task [J]. Landscape Research, 2013, 38(01): 101-116.

[22] VALTCHANOV D, ELLARD C G. Cognitive and affective responses to natural scenes: effects of low level visual properties on preference, cognitive load and eye-movements[J]. Journal of Environmental Psychology, 2015 (43): 184-195.

[23] YARBUS A L. Eye movements during perception of complex objects[M]. New York:

Springer, 1967.

[24] SIMPSON J, FREETH M, SIMPSON K J, et al. Visual engagement with urban street edges: insights using mobile eye-tracking[J]. Journal of Urbanism: International Research on Placemaking and Urban Sustainability, 2019, 12(03): 259-278.

[25] SIMPSON J. Street DNA: the who, where and what of visual engagement with the urban street[J]. Journal of Landscape Architecture, 2018, 13(01): 50-57.

[26] 孙澄, 杨阳. 基于眼动追踪的寻路标志物视觉显著性研究——以哈尔滨凯德广场购物中心为例 [J]. 建筑学报, 2019(02): 18-23.

[27] DUPONT L, ANTROP M, VAN EETVELDE V. Eye-tracking analysis in landscape perception research: influence of photograph properties and landscape characteristics[J]. Landscape Research, 2014, 39(04): 417-432.

[28] BOJKO A. Eye tracking the user experience: a practical guide to research[M]. Rosenfeld Media, 2013.

[29] CRESWELL J W. Qualitative inquiry and research design: choosing among five traditions [M]. Thousand Oaks, Calif.: Sage Publications, 1998.

[30] CRESWELL J W. Research design : qualitative, quantitative, and mixed methods approaches[M]. Thousand Oaks, Calif.: Sage Publications, 2003.

[31] KAPLAN R. The small experiment: achieving more with less[M]//NASAR J, BROWN B. Public and Private Places, EDRA 27 Proceedings, 1996: 170-177.

[32] Glaser B , Strauss A L . The discovery of grounded theory: strategy for qualitative research[J]. Nursing Research, 1968, 17(04): 377-380.

[33] RUBIN H J, RUBIN I S. qualitative interviewing: the art of hearing data[M]. Thousand Oaks, CA: Sage Publications, 2011.

[34] 郑时龄, 王伟强, 陈易. 创建充满城市精神的步行街 [J]. 建筑学报, 2001 (06): 35-39.

[35] 郑时龄, 齐慧峰, 王伟强. 城市空间功能的提升与拓展——南京东路步行街改造背景研究 [J]. 城市规划汇刊, 2000 (01): 13-19, 79.

[36] 王悦, 姜洋, VILLADSEN K S. 世界级城市街道重建策略研究——以上海市黄浦区为例 [J]. 城市交通, 2015, 13(01): 34-45.

[37] 常青. 大都会从这里开始: 上海南京路外滩段研究 [M]. 上海: 同济大学出版社, 2005.

[38] 何善权 , 王荣锭 . 以人为本 , 塑造城市公共活动空间——上海南京东路商业步行街建设构想 [J]. 建筑学报 , 1998 (03): 3–5.

[39] 王伟强 . 创造富有生机的中心商业区——解析南京东路步行街的环境设计 [J]. 规划师 , 2000 (06): 28–31.

[40] 周澍临 , 严伟 , 刘艳 , 等 . 上海市南京路步行街设计 [J]. 新建筑 , 2001(03): 1–5.

[41] 查君 , 王溯凡 , WEI T. "新风淳貌 , 向史而新"——以南京路步行街东拓为例的上海历史文化风貌区公共空间更新实践与思考 [J]. 建筑实践 , 2020 (10): 72–81.

[42] 蔡嘉璐 , 王德 , 朱玮 . 南京东路商业步行街消费者行为变化研究——东路商业年与 2007 年的比较 [J]. 人文地理 , 2011, 26(06): 89–97.

[43] 唐烨 . 南京路步行街招商平台启动 , 80 后 90 后成这条街主客群 [EB/OL]. （2021–05–28）[2022–04–15]. https: //finance.sina.com.cn/jjxw/2021–05–28/doc-ikmxzfmm5227826.shtml.

[44] DUCHOWSKI A T. Eye tracking methodology: theory and practice[J]. New York: Springer, 2007.

[45] ZHOU B, ZHAO H, PUIG X, et al. Scene parsing through ADE20K dataset [C]// 2017 IEEE Conference on Computer Vision and Pattern Recognition (CVPR). IEEE, 2017.

[46] LUSK A. Greenwaysn places of the heart: aesthetic guidelines for bicycle paths[D]. Ann Arbor: University of Michigan, 2002.

[47] AMATI M, GHANBARI PARMEHR E, MCCARTHY C, et al. How eye-catching are natural features when walking through a park? Eye-tracking responses to videos of walks[J]. Urban Forestry & Urban Greening, 2018 (31): 67–78.

[48] 张乐敏 , 张若曦 , 殷彪 , 等 . 基于眼动跟踪的商业化历史街道风貌感知研究——以厦门沙坡尾骑楼街为例 [J]. 城市建筑 , 2021, 18(16): 111–118, 148.

原文发表于期刊：

陈奕言 , 陈筝 , 杜明 . 注意力的设计——眼动追踪技术辅助下的上海市南京路步行街景观体验研究 [J]. 景观设计学 , 2022, 10(02): 52–70.（内容有删改）

第4章 控制性诊断：上海南京路步行街 2

在第 3 章的探索性质性实景实验中，我们发现南京路步行街原本段（西藏中路到河南中路）和东拓段（河南中路到中山东一路）存在较大差异。同时我们发现某些空间要素更容易吸引人的注意，如户外广告店招，这对南京路步行街繁华热闹风貌感受的塑造可能起到了关键作用。现场实验发现步行街中以外挂店招为代表的户外广告类要素获得了相当多的视觉关注，街道局部路段对各类户外广告的集中布置，创造了一个不同于一般街道的空间层次和注意集中区域，在一定程度上形成了鲜明的景观风貌感受。户外广告究竟如何影响步行街的景观风貌感受和行为活动决策，则需要进一步的量化证据提供支撑。

故此，我们进一步开展了控制性量化实验，采用了照片加桌面式眼动仪的方式，以控制实际环境各种个体的、突发的复杂情况对感受和注意力的影响。在此控制性实验中，我们考虑两个特征段（原本段、东拓段）和四个和风貌相关的特征要素（夜景照明、户外广告、风貌建筑和休憩设施）。

我们沿用了在探索性诊断研究中的关键指标——"信息密度"主观注视时间占比与客观画面面积占比的比值，用于描述单位面积下的信息输入效率。信息密度可以广义地描述直觉系统的信息偏好，从而帮助理解环境要素偏好，识别关键要素和区域。

由于受到参与者步行脚力等现实情况的约束，实景实验仅考量了步行街中约 200 m 的有限段落，在桌面式眼动实验中，也进一步拓展到更远的路段典型节点。

4.1 实验背景和研究设计

4.1.1 实验总体设计和流程

总体实验设计层面，为大规模采集眼动数据并全面考量整个南京路步行街，研究采用桌面式眼动仪于室内展开照片桌面式眼动实验，以弥补实景实验中参与者步行脚力、实验人力物力等方面的困难；并在前期初步探索的基础上确定了两大研究内容"重要路段及节点的景观风貌感受特征"和"重要景观风貌要素的感受特征"。

其中，"重要路段及节点的景观风貌感受特征"从整体层面研究步行街的风貌感受特征，包括步行街"原本段"和"东拓段"两大路段。"重要景观风貌要素的感受特征"进一步研究景观风貌要素的感受特征，包括"夜景照明""户外广告""风貌建筑"和"休憩设施"四大部分。

刺激内容均选用步行街中各个重要路段、要素具有代表性和典型性的实景照片，并全程记录眼动注视情况；具体考量形式要求参与者针对刺激图片直接陈述感受，并完成街道中常见的行为选择，如"更想去哪逛""更想去哪休息小坐"等，更加贴近街道游逛真实情况的同时，行为选择也使参与者思考具体的问题并做出选择，其注视情况会更加聚焦相关的环境要素，以深入探索各重要景观风貌要素的感受差异，挖掘注视背后的主观心理感受。整体实验研究框架见图4-1，

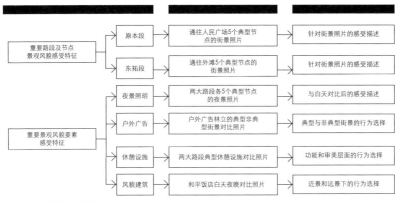

图 4-1 实验研究框架
图片来源：陈奕言绘制

下面依次对各个部分进行详细的介绍。

重要路段及节点方面，步行街原本段和东拓段各设置了 5 个典型节点的街景照片，以展示重要的景观风貌界面，并按各节点在步行街的实际位置顺序展示，以强化行走的连续性感受（图 4-2）。两路段以河南中路为界，原本段按向西通往人民广场的顺序展示节点，东拓段按向东通往外滩的顺序展示，观看后要求参与者简短说明"看到以上街道场景的感受"，以获得重要路段的客观注视情况与主观感受。典型节点通过各网络游记平台和现场实地调研结合的方式确定，确保包含两个路段重要的景观风貌界面，同时各节点间的距离合适，能够较为全面地展示两个路段的街景情况，节点确定后实地拍摄作为实验刺激材料。

重要景观风貌要素方面，除夜景照明外，其他三类均采用行为选

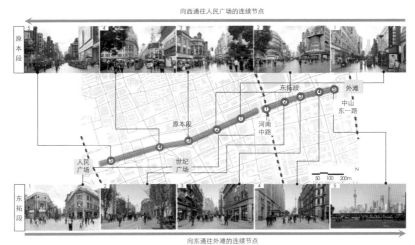

图 4-2　原本段和东拓段各典型节点位置及展示顺序
图片来源：陈奕言、李晔绘制

择的考量形式，以真实还原街道中常见的行为活动，同时行为选择也
使参与者思考具体问题并做出选择，其注视情况会比路段感受更加聚
焦重要的环境要素，以深入探索各重要景观风貌要素的感受差异。夜
景照明环节，由于本研究更加关注夜晚与白天对街道环境整体氛围、
感受的差异，因此也采用感受描述的方式进行考量从而获得参与者直
观的整体性感受评价。

　　具体来说，夜景照明部分依旧按路段感受的呈现顺序，展示原本
段和东拓段各 5 个典型节点的夜景照片（图 4-3），并要求参与者简
短说明"看到以上街道场景的感受"及"与白天有什么不同"，以比
较与白天注视情况及感受的差异。

　　此外，为考量东拓段与外滩的衔接感受在夜晚是否有所强化，在

图 4-3　夜景照明中各典型节点的夜景照片
图片来源：陈奕言绘制

图 4-4　心目中上海的选择
图片来源：陈奕言绘制

东拓段所有典型节点展示完毕并陈述完感受后，展示白天（A）和夜晚（B）的街道尽头照片，并要求参与者选择"哪个更符合心目中的上海"，同时说明原因（图 4-4）。

　　户外广告部分，在实景头戴实验的研究基础上，实验准备了户外广告林立、类型丰富的典型路段（B）和非典型路段（A）街景照片，要求参与者观察后做出"更想去哪逛"的行为选择。为进一步比较不同户外广告密度对行为选择和风貌感受的影响，实验设置了 3 次行为

选择以进一步比较"高""中""低"3种户外广告密度的典型路段
街景的感受差异（图4-5）。

图 4-5　户外广告中的 3 次行为选择
图片来源：陈奕言绘制

图4-6 休憩设施功能（上）和审美层面（下）的选择
图片来源：陈奕言绘制

　　休憩设施部分，实验中展示了步行街原本段（B）和东拓段典型座椅（A）的实景照片并设置功能和审美两个层面的行为选择。功能是衡量休憩设施的最基本方面，功能层面提问"更想去哪休息小坐"，审美层面结合《上海市南京路步行街管理办法》中对休憩设施提出的"休憩设施的外观应当与步行街风貌相协调"具体要求，提问"哪个更有南京路特色"（图4-6）。
　　风貌建筑部分，以东拓段最著名的历史风貌建筑和平饭店为例展开研究。由于其位于东拓段靠近外滩的街道尽头，因此设置近景（视距100 m）和远景（视距300 m）两种情境，展示夜晚（A）和白天（B）

图 4-7　风貌建筑远景（上）和近景（下）的行为选择
图片来源：陈奕言绘制

的街景照片，并要求参与者选择"哪个场景更感觉外滩快到了"（图
4-7），以考量其对外滩的视线引导及夜晚的感受强化情况。

　　此外，为提高实验的沉浸感受，还原更加接近街道真实情况的视
觉状态，实验设置了"和朋友共同游逛南京路步行街"的常见情境，
并将各部分刺激内容和行为选择串联在一套完整的故事逻辑下，如设
置"逛累了想要休息"的情境，再展示休憩设施的照片并要求做出选
择，设置"饭后观赏夜景"的情境，再展示夜晚街景的照片，等等，
使参与者可以更加投入而暂时忘记正处在实验之中。

4.1.2 实验准备工作

4.1.2.1 准备刺激材料

实验中使用的刺激材料均为现场拍摄的实景照片，使用的拍摄设备为索尼 Alpha 6000。所有照片均为道路中心位置拍摄，并采用最接近人正常视角的平视镜头，视高控制在 1.60 m，以模拟人的常规视野，确保真实贴近人在步行街中行走、活动的可见视野和视角，客观展现步行街的街景情况。由于南京路步行街来访人群众多，拍摄完成后的筛选过程中重点控制了人群在画面的占比，确保所有刺激照片中的人群数量接近、未对街景画面造成严重遮挡。此外，白天与夜景照片均于街道同一位置拍摄并在同一天拍摄，确保展现的街景画面及内容相同，同时避免不可控因素造成影响。在多次的现场拍摄、后期筛选后，最终确定实验使用的刺激照片。

4.1.2.2 设备准备与调试

实验使用的眼动仪为适用于室内大规模实验的 SMI–REDn 固定式眼动追踪仪，其采样频率为 60 Hz，采样准确度 $0° \sim 0.5°$，能够较为准确地记录视线位置，适合注视持续时间较长的研究，此外其眼动追踪出色的算法也提供了高准确度的眼动采集数据，确保了实验结果的可靠性。

除眼动仪外，实验准备了一台台式电脑及主、副两个显示器进行实验操作和刺激展示。主显示器供实验人员操作实验采集软件 Experiment Center3.7 并在实验时实时观察参与者的注视情况；副显示器为拓展显示器，供参与者观看刺激材料。实验使用的均为彩色显示器，通过眼动仪内置的红外线装置记录双眼轨迹。在实验展开前，完成了以上实验设备的多次调试和测试，确保实验能够顺利进行。

4.1.2.3 实验后问卷设计

为获得参与者的基本信息及步行街相关信息，并控制参与者的个体差异带来的影响，本研究设计了实验后的简短问卷。其中，基本信息包括"年龄""性别""视力情况""职业""学历""是否上海本地人""一年内是否常住上海"，步行街相关问题包括"去过南京路几次""上次去什么时候""去南京路步行街的目的和活动内容""是否认为南京路步行街是上海的地标景点""南京路步行街是否不同于去过的其他步行街"，以衡量参与者对实验研究对象南京路步行街的了解程度、整体印象及活动情况。

此外，为了考量具体风貌要素的了解程度对行为选择和感受的影响，问卷最后以风貌建筑环节为例提问参与者的了解程度。具体来说，参与者对和平饭店处于外滩的地理区位、建筑地位的了解程度可能存在差异，而这对行为选择和感受会有一定程度的影响。因此问卷最后展示了和平饭店的照片，并要求参与者针对和平饭店的了解程度打分，同时回答"实验中是否注意到了和平饭店"，以衡量了解程度对行为选择和感受的影响。

4.1.3 实验流程与数据采集

实验在特定实验室进行，该实验室具备抗噪、避光等适宜条件，实验过程中有效避免受到外界干扰。

具体实验与数据采集流程如下：

（1）实验员引导参与者进入实验室后关闭外侧门，其他被试在实验室外等候。入座后实验员向参与者介绍眼动仪设备及实验整体流程，同时给参与者缓冲时间，使他们尽快适应实验环境。

（2）实验员指导参与者调整坐姿和座椅距离，要求参与者以一个相对舒服的姿势坐好，距离屏幕 60~80 cm，并告知参与者实验中尽量不要再挪动位置。参与者坐好后，实验员在主显示器运行实验采集软件 Experiment Center3.7，并通过调整眼动仪摄像头与参与者的距离和上下倾斜角度，使参与者双眼被摄像头清晰、稳定地捕捉。

（3）在实验正式开始前，实验员运行 SMI-REDn 眼动仪校准软件 iViewRED，指导参与者进行校准，此过程要求参与者的双眼跟随屏幕上出现的红色圆点移动。若校准结果的偏离数值过大，则重新进行校准，直到校准结果符合实验允许的偏离误差。校准步骤结束后，实验员告知参与者尽量避免大幅度的头部和身体转动，以便后续实验顺利展开。

（4）实验员开启录音设备以记录参与者实验中的回答，然后于实验采集软件 Experiment Center3.7 中输入参与者的编号信息并启动实验，实验正式开始。参与者在屏幕引导语的指示下想象"和朋友一起逛南京路步行街"，并观看重要路段和重要景观风貌要素的刺激材料后根据屏幕中的文字指示陈述感受或口头做出行为选择。其中重要路段白天及夜晚的典型节点照片以单张 5 秒的速度播放，其余行为选择任务不限制浏览时间，参与者可以持续观看刺激图片直到做出选择，参与者做出选择后实验员手动切换至下一个刺激图片，直至完成所有部分的问答后实验员操作结束眼动采集。

（5）在完成实验眼动数据的采集后，实验员引导参与者完成实验后问卷的填写。待填写完毕实验全部结束，实验员对参与者表示感谢并指引其离开实验室。

图 4-8 实验现场照片
图片来源：陈奕言拍摄

整个实验流程用时约为 20~30 分钟 / 人，图 4-8 是实验现场的照片。

4.1.4 数据处理与分析

4.1.4.1 数据处理分析流程

实验数据的处理分析同样分为客观数据与主观数据两类。

首先，客观数据方面，处理与分析流程的核心是完成各实验部分中环境要素、区域的注视情况分类统计，在计算信息密度及其他关键指标后生成眼动可视化分析，包括以下环节：

（1）导入采集数据构建分析环境。将采集的眼动数据全部导入眼动数据分析软件 Begaze3.7，并于软件中创建新的分析环境，将刺激图片与每位参与者的眼动轨迹进行匹配，由此完成实验分析环境的初步搭建。

（2）有效参与者筛选。分析环境构成完成后，需要根据参与者的眼动捕捉率（tracking ratio）进行筛选，若眼动捕捉率过低，则会对实验结果影响较大。本研究中将眼动捕捉率低于 50% 的参与者数据视为无效数据予以剔除。筛选过程中发现个别参与者瞳孔过小或目光游离等导致眼动捕捉率过低，使得数据无效，因此实际有效样本为48 份，有效率 97.8%，平均眼动捕捉率 91.4%。

（3）划分兴趣区并导出各指标数据根据研究需要在 Begaze3.7 中各刺激图片内划分兴趣区（AOI）并导出相应的各指标数据。本研究中导出的主要眼动指标包括以下内容。

- 总注视时间（fixtion time total [ms]），即参与者注视某个兴趣区的总持续时间。
- AOI 面积（AOI size [px]），即某个兴趣区的客观视觉面积，单位为像素。
- 决策时间（decision time [ms]），即从刺激图片出现到做出行为选择的时间。用于衡量认知加工的难易程度，一般情况下决策时间越长，意味着认知加工越为困难，难以做出选择。
- 眼跳回视次数（revisits count），即参与者注意到某个兴趣区后又重新返回注视的次数，反映了参与者对之前注意到的信息再加工的过程。
- 参与者关注比（participant hit count），即注视了某个兴趣区的参与者比例，用于衡量兴趣区的醒目或重要程度。

（4）分类统计计算。数据导出后根据不同环节的分析需要，通过 Excel 软件对实验各个部分采集的眼动数据、指标进行分类统计计算及图表的绘制。

（5）眼动可视化分析。在完成数据层面的分类统计后，通过Begaze3.7 生成所有参与者在实验各个部分中的聚合热力图、注视轨迹图等各类可视化分析图，以直观反映注视情况，辅助统计图表的理解。

其次，主观数据方面，包括录音设备记录的参与者口述感受和行为选择的结果及其理由，对其进行文字识别并分类整合后，结合客观数据结果进行分析并建立彼此联系，以系统挖掘注视背后的景观风貌感受和认知过程。

4.1.4.2 关键分析步骤

在整个数据处理和分析流程中，实验存在一些关键分析步骤，包括构建 AOI 分类依据及信息密度的计算。

（1）构建 AOI 分类依据：是划分 AOI 前最重要的关键步骤，应当针对不同研究对象、研究内容有所侧重。街道中常见的 AOI 划分方式是将环境划分为"天空""地面""建筑""人群""绿化""街道家具"等，然后再统计它们的注视情况。这种划分方式相对简单且没有重点，无法进一步获得与研究内容高度相关的注视结果。针对不同的研究需要，应当有重点、灵活地构建 AOI 的分类依据，如实景头戴实验中，为了考量户外广告较为密集的建筑中部与建筑其他部分的注视差异，将建筑立面 AOI 进一步拆分为建筑底层空间、有较多店招和广告的建筑中部、建筑上部三部分，这就是一种相对高效的AOI 构建方式。关键要素和区域应当在 AOI 分类时被区别出来，这种AOI 划分思路在正式实验各个研究内容上均有所延续。

（2）信息密度进一步概念界定与计算：已有相关研究及实景头戴式实验的结论表明，街道中各环境要素的信息密度具有一定的规律性，统计各环境要素的信息密度可以客观衡量它们的重要程度。为使不同情境下可以统一进行衡量比较，在此明确界定"信息密度"的概念和取值范围，"信息密度"为"注视比例与客观注视面积占比的比值"，用于客观反映各要素、区域在单位视觉面积下被关注的程度。其中"注视比例"指某个兴趣区在所有兴趣区中的注视时间占比（取值范围0~100%），"客观视觉面积占比"指兴趣区的客观面积占比，即AOI面积占比（取值范围0~100%）。当信息密度的值为0~1时，代表注视占比低于客观面积占比；取值为1时，代表注视占比与客观视觉占比相同，它是衡量该要素或区域是否受到额外注意的临界值；取值>1时，代表注视占比高于客观视觉面积占比。信息密度的计算和比较是本研究考量注视情况和识别关键区域、要素的重要分析手段，贯穿于整个实验分析之中。

4.2 研究结果

4.2.1 参与者基本情况

研究选择南京路主要来访群体为实验参与者，以确保样本的代表性和真实性。根据以往社会及研究统计，近年来南京路步行街经营内容呈现青年化、时尚化的趋势，客群由此呈现年轻化、本地化的趋势，学生和公司职员是南京路步行街来访群体中所属最多的职业类型，而青年（18~40周岁）是其中最大的来访群体。具体而言，2007年南京路步行街的青年访客已经成为南京东路最大的访客群体，占比达62%，公司职员和学生占比53%[1]。2021年5月南京路步行街举行招商推介大会并发布《南京路步行街商业数据研究报告》[2]，报告表明 30~40 周岁（25%）、20~30 周岁（44%）人群占比达七成，青年人群越发成为来访南京路步行街的主力军，步行街整体年轻化趋势明显，本地客群占比也不断提升。

　　针对以上情况，本研究完成了共 49 名参与者的室内眼动实验。参与者主体为青年群体（18~40 周岁），学生和公司职员为主要职业

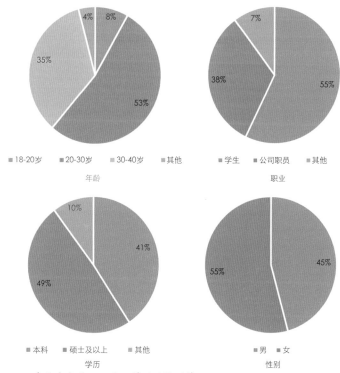

图 4-9　参与者年龄、职业、学历及性别情况
图片来源：陈奕言绘制

类型，且均于上海本地居住一年以上，男女性别平衡，教育水平整体较高（图4-9）。所有参与者裸眼或矫正视力达1.0以上，无色盲、色弱等视觉缺陷或眼部疾病，听力正常，无眼部浓妆或佩戴有颜色花纹的隐形眼镜或粘贴假睫毛，符合实验要求。

步行街相关信息方面，参与者整体对于南京路步行街的熟悉程度较高（图4-10）。大部分参与者去过南京路步行街3~5次、5~10次甚至10次以上，且大部分约60%的参与者在半年内去过南京路步行街。到访目的及活动内容方面，大部分为旅游观光、和朋友小聚、陪同家人朋友闲逛、观赏街景、吃些东西等，而少有有计划地购物采买、独自闲荡等。可见，南京路步行街的休闲属性较强，且来访人员多结伴前往。

4.2.2 特征段1：十里洋场的原本段

南京路步行街原本段和东拓段景观风貌差异较大，是南京路步行街的两个重要路段，承担着不同的景观风貌要求。两个路段各选取5个典型节点供参与者观察，记录眼动情况的同时询问感受，以分别探索景观风貌的感受特征，分别在4.2.2和4.2.3两小节进行介绍。

从参与者对原本段街道陈述的感受出发，可以发现南京路步行街原本段形成了整体"繁华热闹""混合多元"的街道场景（表4-1）。具体来说，"繁华热闹"方面，参与者的描述中除了频繁地直接提到"繁华""热闹"等词汇外，也提到"活力""闹市""商业气息浓厚"等关键词。繁华热闹是商业街应当具备的基本特征，而这一特征在南京路步行街表现得尤为突出。"混合多元"方面，参与者则多提

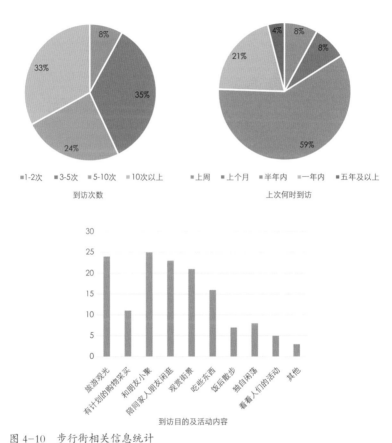

图 4-10　步行街相关信息统计
图片来源：陈奕言绘制

到"复杂程度高""目不暇接""不同类型"等描述，认为步行街原本段存在各类不同要素高度混合的现象，整体呈现出兼具新老上海特色、丰富复杂的强烈风貌感受特征。

表4-1　参与者与"繁华热闹""混合多元"感受的关联陈述

繁华热闹	混合多元
"很繁华很热闹，很有活力，有一些非常密集的行人。"	"每条街道都不一样，有那种色彩元素比较多一些的搭配，还有一些是色彩元素比较统一的那种搭配，有很多不同的类型。"
"非常好的一个闹市区的街区，有很繁华的商业氛围。"	"各种想要的东西，想要的品牌都会在这里，同时也会有一些上海的特色，比如说一些特色的食品和老店。"
"总体感受比较繁华，比较拥挤，但是没有感觉特别乱，没有到害怕那种拥挤。"	"有一点目不暇接的感觉。"
"感觉它们的氛围比较相似，都是非常热闹的。"	"感觉复杂程度很高，融合了老上海与新上海的一些特征。"
"感觉非常热闹，可以看到很多行人的活动。"	"既有老上海的感觉，也有一些很现代的东西。"
"很有活力，人很多，两边街道上的商业气息很浓厚。"	"非常多样，非常丰富，可去的地方特别多。"
"感觉比较热闹，比较繁华，很有传统中国闹市的感觉。"	"有些比较旧的建筑，也有很现代的建筑，混在一起这种感觉还是很强烈的。"
"逐渐走到这个人群越来越多，越来越繁华热闹的地方。"	"很丰富吧，不同风格的建筑，不同的商店。"
"就是感觉很热闹呀，然后活动很丰富的样子。"	"有的街道偏活泼，有的是偏大气一些的，还有一些是偏比较日常的，都混在一起。"
"能感受到商业街的繁华，就是比较有代表性的上海的闹市街区。"	"有很多不同的店，不同的业态，感觉想逛什么都可以找到。"

　　那么，这种"繁华热闹""混合多元"的景观风貌感受究竟如何形成？可以从眼动注视上寻找答案。首先，在眼动注视上"繁华热闹""混合多元"的景观风貌感受表现为：由于吸引注意的要素众多且类型丰富，导致整体注视情况较为分散。对比原本段和东拓段所有

外滩打开画面，
不计入比较

图 4-11　原本段（上）及东拓段（下）典型节点聚合热力图
图片来源：陈奕言绘制

参与者的聚合热力图（图 4-11）可以直观地发现，原本段的注视较东拓段更加发散，包括各类环境要素如观光小火车、户外广告、人群、休憩设施等的集中观察，而东拓段的典型节点观察中，参与者的注视更加集中，且主要集中在远处的街道灭点，较少有近处环境的观察。

进一步从各环境要素的注视情况出发分析这种注视特点产生的原因。首先，各环境要素的注视情况统计结果（图 4-12，表 4-2）印证了实景头戴实验的结论，计算信息密度即单位注视量可以帮助更好地衡量各要素的被关注程度。下面从"繁华热闹""混合多元"两个层面分别进行分析。

4.2.2.1　繁华热闹的特征

繁华热闹层面，各式各样、密集且色彩丰富的户外广告是产生"繁华热闹"感受最为重要的街道环境要素。所有要素中，户外广告拥有最高的信息密度（单位注视量），同时其数值（3.55）远高于其他要素，在总注视时间的排序中也仅次于建筑，是总注视时间排在第二位的要素。集聚在南京路步行街原本段的户外广告是"十里洋场"繁华热闹商业氛围的重要物质载体。

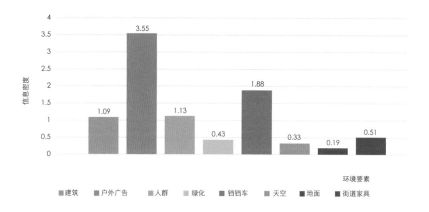

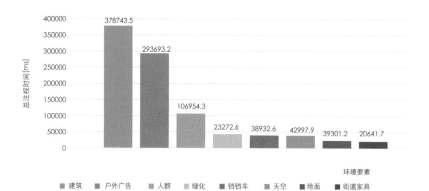

图 4-12　原本段各环境要素的信息密度（上）及总注视时间（下）统计
图片来源：陈奕言绘制

表4-2　原本段各环境要素注视情况统计总表

AOI	AOI 面积 [px]	AOI 面积占比	注视时间 [ms]	注视时间占比	信息密度
建筑	1200178	0.37	378743.5	0.41	1.09
户外广告	286624	0.09	293693.2	0.32	3.55
人群	326431	0.10	106954.3	0.12	1.13
地面	432423	0.13	23272.6	0.03	0.19
天空	409443	0.13	38932.6	0.04	0.33
绿化	345958	0.11	42997.9	0.05	0.43
铛铛车	72522	0.02	39301.2	0.04	1.88
街道家具	139829	0.04	20641.7	0.02	0.51

　　除户外广告之外，人群和铛铛车（观光小火车）的信息密度也较高，分别为1.13和1.88，均超过了1，这代表它们的注视时间占比超过了客观视觉面积（AOI面积占比）。根据参与者陈述的感受，人群和铛铛车在情感上拉近了与参与者的距离（表4-3），与户外广告共同构成了繁华热闹的街道场景。不少参与者认为原本段的人群"有不同的身份和状态""非常具有生活气息""体现了生活百态"，而铛铛车作为南京路上一直存在的特色观光车，承载了不少人的情感记忆，认为它"温馨""符合童年记忆"，从而在情感上强化了感受，同时也作为街道上丰富、动态的要素之一，形成"繁华热闹"的景观风貌感受。这也印证了实景头戴实验中的结论，即人的情感记忆通过环境中

特定要素与人进行联结，在视觉认知的过程中促进正向判断的形成，从而强化环境感受和吸引力。

表 4-3 参与者对人群与铛铛车的关联陈述

人群与生活百态	铛铛车与情感记忆
"旁边的人走走停停的，有各种状态的人。可能是二三楼的那种餐馆，可以让你看到里面的人在干什么，然后你就觉得生活百态都在里面吧。"	"可能因为小时候也坐过铛铛车，会有一些童年记忆，我还记得它在路上开的时候会发出声音，很有特色，也感觉更温馨一些。"
"有很多不同的人聚在一起，他们不同的面貌、不同的身份、不同的情感、不同的工作以及不同的目的，都会聚集到上海，是因为想要在这个地方看到不一样的风景，体验到不同的感受。"	"小火车很有特色，别的地方好像都没有，我从小对南京路的记忆里就一直有它，色彩也比较吸引人的注意。"
"可能有很多人的关系，这里让我感到非常具有生活气息，非常热闹，也不至于太过，给人一种非常亲近的感觉。"	"上海的小火车，感觉是这座城市的游览特色，在我的印象里上海有很多这种观光车，我二十多年前刚来上海的时候就坐过类似的车。"

4.2.2.2　混合多元的特征

在混合多元层面，首先是步行街原本段局部历史建筑与现代建筑的混合，强化了新旧交融的感受，带来丰富、充满上海城市特征的整体风貌感受。观察各环境要素的注视情况统计结果，可以发现"建筑"的信息密度，即单位注视量为1.09，也超过了1的临界值，代表它的注视量多于客观视觉面积。

但比较5个典型节点中各自建筑的信息密度时（图4-13）可以发现，仅节点3、4的信息密度超过了平均密度1.00，分别为1.20和1.51，而节点1、2、5中，建筑的信息密度均不超过1，没有获得较

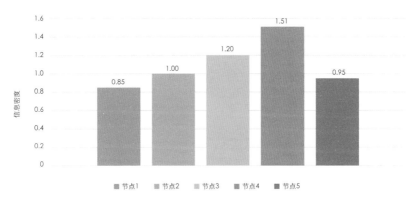

图 4-13　5 个典型节点中建筑的信息密度比较
图片来源：陈奕言绘制

多的注视。具体分析节点 3 和节点 4 的街景画面（图 4-14 上）可以
发现，这两个节点的街景中均包含一定的历史风貌或历史风格建筑。
具体来说，节点 4 中较为完整地展现了街道两侧的历史风貌建筑，
包括街道左侧的永安百货及右侧的上海时装公司，它们是步行街改
造之初就屹立在南京路的四大公司中的永安公司和先施公司，同时
也是上海市政府第一批批复保护的上海优秀历史建筑，具有数百年
的历史风貌沉淀。而节点 3 中包含历史风格浓厚的老凤祥银楼，虽
然其建筑经过多次改造修缮，也未被列入历史保护建筑，但它是上
海唯一一家原店原址的老凤祥银楼，且始终保持了历史气息浓厚的
整体建筑造型，使得该节点也获得了较多的单位注视量。历史建筑
与街道其他现代建筑的要素共存，可能因此带来了"混合多元"的
风貌感受。

　　为了验证这个猜想，进一步将节点 3 和节点 4 中的历史建筑和其

图 4-14　节点 3 及节点 4 画面（上）及区分历史建筑后的 AOI 绘制（下）
图片来源：陈奕言拍摄、绘制

他建筑区分开并统计各自的注视情况（图 4-14 下，表 4-4）。统计结果显示，两个节点中历史建筑的信息密度分别为 2.30 和 2.97，均远高于其他普通建筑，且在历史风貌特征更加明显的节点 4 中，历史建筑的信息密度更高。这有力地验证了：正是这两个节点中历史建筑与其他现代要素的混合使得整体的注意得到提升，从而强化了新旧交融、碰撞融合的景观风貌感受。而参与者陈述的感受中也提到"建筑风格多""新老建筑""有古有今"等关键词，并与"上海特色""海派风格"等相连接。可见，步行街原本段新旧建筑的和谐共存促进了混合多元感受的形成，同时这种新旧交融也代表了上海的城市特征，带来了鲜明的地域风貌感受。

表4-4 节点3和4中历史建筑与其他建筑的注视情况统计

	AOI	AOI面积 [px]	AOI面积占比	注视时间 [ms]	注视时间占比	信息密度
节点3	历史建筑	49867	0.08	35152.4	0.18	2.30
	其他建筑	143802	0.23	40116.3	0.21	0.91
节点4	历史建筑	119182	0.19	11762.3	0.06	2.97
	其他建筑	82508	0.13	65871.8	0.35	0.37

  除了历史建筑的局部混合，业态的混合也强化了"混合多元"的整体感受。参与者在观看街道节点的画面时，多对街道上的不同业态进行了比较并在陈述中有所表现。如观看节点5画面时，参与者多对街道左右两侧的业态进行了比较，认为左侧商铺"烟火气更重""特色老店""规模不大"，右侧"独栋商业""规模大型""潮流新店"，比较后最终产生"业态比较混杂"的感受。这一情况从典型眼动轨迹来看更加清晰，图4-15展示了节点5的典型眼动轨迹及参与者陈述的感受，可以明显看出，形成了街道左（绿框）右（黄框）两个组团的注视，参与者进行了较多左右两侧店铺的比较，并描述"感觉业态是比较混杂的，这张图里左边的这个可能就是烟火气更重一点的商店，然后右边的这个就可能更加的现代一点的独栋商业体"，并最终得出"业态比较混杂"的结论。

  原本段各类要素丰富的组合和互动，带来了整体"繁华热闹""混合多元"等较为正面的风貌感受，但值得注意的是，也有一些参与者认为局部街道的风貌过于不一致，户外广告设置显得杂乱，同时一些现代建筑的整体视觉品质不佳，与南京路步行街的整体定位不符。以

参与者描述的感受：
　"感觉业态是比较混杂的，这张图里左边的这个可能就是烟火气更重一点的商店，然后右边的这个就可能更加的现代一点的独栋商业体，嗯还是比较微妙的这种感觉。"

图 4-15　节点 5 的典型眼动轨迹及关联陈述
图片来源：陈奕言拍摄、绘制

下是一些负面评价的摘录：

　　"有一部分风格很现代的建筑，感觉没有很好地融入整个步行街，所以会让人感觉有些乱糟糟的。"

　　"给我的感受是部分街道有点脏乱，整体过于不一致，可能是因为有些地方的广告太多了，没有很好地规范管理。"

　　"有部分街道里的现代建筑比较老旧，立面给我一种'塑料感'，感觉好像和一些小县城的建筑也没啥区别。"

　　"白天的话就是建筑看起来会灰扑扑的，特别是一些现代建筑，感觉可能是建得比较早，可能还是需要一些改造的。"

图 4-16　节点中现代商业建筑
图片来源：陈奕言拍摄

　　以上负面评价多来源于节点 2 和节点 3，尤其是节点 2 中的现代商业建筑（图 4-16），被认为"老旧"、立面材质"塑料感"、类似"小县城建筑"，与整体步行街不匹配。而其他节点如节点 5 中也存在类似情况的建筑，但因为建筑立面有序、富有特色的外挂式店招、大型广告在一定程度上起到了遮挡及吸引视线的作用，因而没有获得同样的负面评价。除了整体立面的改造修缮，这可能为日后原本段优化提升的改造方式提供了其他方向。

4.2.3　特征段 2：衔接城市地标的东拓段

　　仍然从参与者的感受出发，参与者对东拓段前往外滩的 5 个典型街道节点的感受表明，东拓段形成了前往外滩过程中富有连续性和节奏的景观序列。具体来说，在"景观序列的连续性"方面，较多参与者认为这一段街道"目标明确，直通外滩""连续感强""视觉通达性好""不像原本段有更多闲逛的感觉"；而在"景观序列的节奏"方面，多认为在逐渐靠近外滩的过程中，存在期待的情绪逐渐累积，"情绪逐渐放大的过程"，并在最后陆家嘴建筑群展现时感到"惊艳""视野完全打开"的高潮体验。表 4-5 是有关以上感受的陈述摘录。

表 4-5　参与者与"景观序列的连续性及节奏"的关联陈述

景观序列的连续性	景观序列的节奏
"感觉这一段的话就是它的目的性很强，建筑作为一种背景的衬托，就直接是指向性，通向外滩的那个滨水平台。"	"感觉逐渐到达外滩的时候，有能够吸引着我，同时也把我的情绪逐渐放大的一个过程。"
"从很远的地方就可以看到东方明珠，大家沿着看到的方向一直走，就能走到外滩，感觉一路下来连续性很强。"	"感觉这段通往外滩的街道给人感觉很好，因为能慢慢通向东方明珠，感觉会有一点期待，到最后是一下子打开的那种感觉。"
"整个感觉的话目标性挺强的，就是说即使是刚来上海或第一次来上海的人，走这条路的话，也会知道他的最终目的地是哪里。"	"最后很惊艳，能看到外滩和东方明珠，就是一直走到最前面，然后有一个更加开阔的空间感受。"
"通向外滩的视觉通达性感觉很好。在这条街道上能明显感觉到人员的出行目的与在之前那段街道逛街的人的目的不太一样。"	"越往前走视野越来越好，可以看到浦东的风景。会让我想要一直往前走，走到江边。"
"感觉这些街道很连续，行人走的目的也很明确，就是要去外滩看风景，不像之前那段闲逛的感觉更多。"	"一路下来有一种感觉吸引我往前走，因为吸引我往前走的是我要去看陆家嘴，我要去看东方明珠这个地标。到最后就是完全转过去，看到外滩，是一种逐渐被收紧，然后再完全打开的体验。"

4.2.3.1　景观序列的连续性

　　针对此种感受，依旧尝试从注视情况探索原因。首先在景观序列的连续性层面，比较和原本段连续街景画面的聚合热力图（图4-17）可以发现，东拓段的注视较原本段更加聚集于远方的街道灭点周围，而少有观察其他位置的景物，在此过程中参与者更加专注于行进过程中的体验，从而强化了景观序列的连续性。

　　产生此种注视特征的原因，首先是东拓段的街道环境更加统一，店招、广告等容易分散注意的高信息密度要素更少，使人的注意能够稳定地保持在前方。比较东拓段和原本段各环境要素的客观视觉面积（AOI面积 [px]）可以发现（图4-18），东拓段中户外广告、铛铛车

图4-17　东拓段（上）及原本段（下）典型节点聚合热力图
图片来源：陈奕言拍摄、绘制

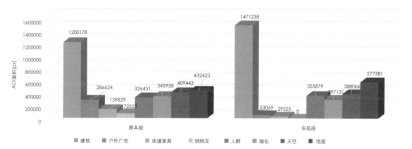

图4-18　原本段（左）及东拓段（右）各环境要素客观视觉面积比较
图片来源：陈奕言绘制

的客观视觉面积显著低于原本段，而这些要素恰恰是信息密度（单位注视量）较高的，东拓段这些要素更少，使得参与者更加专注于行进的过程，不容易被干扰。此外，东拓段的街道设施如小火车、休憩座椅也较少，因此东拓段较原本段通行性更强，而活动、休息属性较弱，从而使人更加专注于行进的体验。

其次，街道尽头处风貌特色较强的历史建筑——和平饭店可能存在较强的视线引导，盯着目标物前进的感受被强化，从而使得参与者更加关注街道尽头灭点周围的环境。以下是摘录的相关陈述。

> "给我感觉像和平饭店这一块，首先是很好看，非常好看，因为历史建筑的话，它这种非常有特色的颜色，非常漂亮，会吸引我盯着它一直看。"
>
> "远景里这栋建筑还挺有老上海感觉的，我在看的时候会有一种很强烈的、想盯着这栋建筑前进、不断向这栋建筑靠近的感觉，慢慢就到外滩了。"
>
> "这栋建筑我刚看到的时候，就觉得很符合我对上海万国建筑的印象，就会想仔细看看，然后每张照片都能看到它，比较吸引我。如果真的走在路上，感觉比较能调动我的好奇心，让我一直往前走。"

具体来说，和平饭店的历史风貌特征较为明显，"颜色漂亮""有老上海的感觉"，富有吸引力，让人容易被吸引从而"仔细看看""盯着它一直看"，而在前往外滩的连续街景画面中，持续有和平饭店的出现，这也使得注意力集中在和平饭店的街道尽头灭点附近，从而强

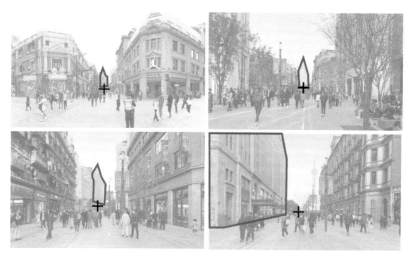

图 4-19 和平饭店与街道灭点位置的比较
图片来源：陈奕言拍摄、绘制

化了景观序列整体的连续性。进一步比较和平饭店与街道尽头灭点的位置关系（图 4-19），可以直观地发现，和平饭店确实始终位于视线最远处的街道尽头，从而使注视聚焦于远方，专注于"外滩即将到达"这一事件的发生。风貌建筑对景观节点的这种视线引导，值得进一步研究。

4.2.3.2 景观序列的节奏

在景观序列的节奏方面，首先这种感受源于街道高宽比的变化，东拓段 3 个路段街道的高宽比逐渐升高，从而产生逐渐收紧到看见外滩豁然开朗的高潮感受。江西中路、四川中路将东拓段分为清晰的三段（图 4-20），而根据已有研究 [3]，从西至东的这 3 个路段，其街

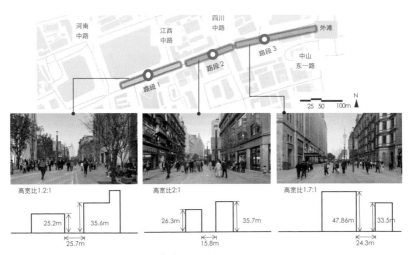

图 4-20 东拓段 3 个路段街道高宽比示意图
图片来源：陈奕言拍摄，陈奕言、李晔绘制

道高宽比在路段 1 最低，仅约 1.2∶1，而在约 200 m 的路段 1 结束后，
路段 2 的高宽比陡然增加到 2∶1，到路段 3 时又稍有放缓至 1.7∶1，
这种高宽比的变化，使得最后黄浦江对面的陆家嘴建筑群完全展现在
眼前时，达到一种逐渐收紧再完全打开的节奏感受。

从参与者陈述的感受也可以发现此种高宽比的变化带来的影响，
以下是具体摘录：

"感觉自己被建筑包裹住了，被老建筑的小窗户、小门包裹
住，慢慢有种压迫感，但一旦走出南京东路就一下子非常开阔，
感觉这种对比感受很强。"

　　"这条街道的建筑越来越高，感觉中间街道的压迫感会比较强一点。到最后就是完全转过去，看到外滩，是一种逐渐被收紧，然后再完全打开的体验。"

　　"感觉街道变得越来越窄，周边建筑越来越高，但是到最后又全部展开让我看到江对面的东方明珠这些建筑，对比非常强烈，有种豁然开朗的感觉，感觉挺不错的，可能是设计方面有些什么考虑。"

　　可见，街道高宽比的逐渐增加产生了"被建筑包裹住""有种压迫感""街道越来越窄，建筑越来越高"的直观感受，而这种感受在最后外滩画面完全打开时，视野一下变得开阔，形成强烈的对比，从而使人产生"豁然开朗"的高潮感受，景观序列的节奏感油然而生。

　　同时，街道高宽比的逐渐加大，也使得视野逐渐收紧，在街道尽头形成了建筑立面与地面对外滩建筑群较强的框景效果。框景效果使得景框范围得到了更多注意。将街道尽头的"框景范围"与"建筑与地面范围"区分开，并分别计算注视情况（图4-21），统计结果表明，

图4-21　划分"框景范围"与"建筑及地面范围"的AOI
图片来源：陈奕言拍摄、绘制

"框景范围"的信息密度显著高于"建筑及地面范围",这有力印证了街道尽头的框景效果。正是这种框景效果,使得框景范围中的东方明珠等地标建筑群更加受到注意,在最后外滩打开的瞬间强化了景观序列的节奏感受(表4-6)。

表4-6 "框景范围"与"建筑及地面范围"的信息密度(单位注视量)比较

AOI	AOI 面积 [px]	AOI 面积占比	注视时间 [ms]	注视时间占比	信息密度
建筑及地面范围	554080	0.87	123249.3	0.64	0.74
框景范围	85955	0.13	68221.2	0.36	2.65

此外,这种节奏感也源于东拓段历史建筑与外滩现代建筑群的强烈反差,新旧的交融碰撞产生鲜明的对比,给人时光穿越、时间的流逝感,并在外滩展开的那一刻达到高潮。以下是参与者的关联陈述摘录:

"那种感觉,就是从历史到现代,从近现代的租界建筑到现代的非常时尚的建筑,给我感觉就像和平饭店这一块,有时间流逝的感觉,这边是我们近代的历史,远处是我们现代的现况。"

"这边这栋建筑的风格跟对岸的上海地标建筑的风格,其实是形成了一些对比吧,感觉是从那种近代走到了现代的感觉,有很鲜明的时代对比。"

"到了外滩以后,就感觉那种历史建筑,一下就变成了现代建筑,会感觉到有很强烈的反差。"

新旧建筑群的对比碰撞、融合共存不仅强化了东拓段前往外滩景观序列的节奏感，同时也是上海城市特征感受、海派文化的丰满表达，配合最具特色的两个地标节点，上海城市意象的感知在东拓段的街道尽头也达到了高潮。

但是美中不足的是，不少参与者认为东拓段通向外滩的街道，在情感上充满距离感、不亲近，不像一条商业属性的街道，这可能是整体商业氛围及活动休憩设施不足造成的。关联陈述如下：

"这些建筑都挺有细节的。但是没有什么活力，看多了感觉像一个很无聊的展览。"

"相对刚才那段路来说感觉萧条一些、冷清一些，感觉它像一个布景一样，没什么商业氛围，感觉就像是把这些建筑当作一个展览去看。"

"整个氛围会更精致一些，但是也会让我觉得更有距离一些，更冷漠一些。跟南京路的西段来比的话，让人感到有一点疏远。"

"感觉是越走越冷清或者是严肃的一种感觉，因为它两侧的建筑下面也没有很多店铺对你开门，也没有很多供行人停留的地方。"

在与原本段比较的过程中，不少参与者认为东拓段整体商业氛围较弱，且缺少供人休息活动的设施，"像一个布景""看多了像一个无聊的展览"，虽然建筑更具细节、更加精致，但也"更有距离""更严肃冷漠""更加萧条"。可见，东拓段作为刚刚完成步行化改造的路段，与步行街原本段的融入程度还不够好，如何平衡"历史风貌"

与"商业氛围",使得路段更好地成为南京路步行街的一部分,是今后需要优化提升的重要方向。

4.2.4　特征要素 1:夜景照明

　　基于对重要路段的风貌感受特征的理解,接下来将进一步从"夜景照明"(4.2.4 节)、"户外广告"(4.2.5 节)、"风貌建筑"(4.2.6节)、"休憩设施"(4.2.7 节)四个景观风貌特征要素出发进行讨论。"夜景照明"是与白天街景的对比研究,包括原本段和东拓段两个重要路段的具体分析;"户外广告"通过不同户外广告密度的街景注视情况比较,挖掘户外广告作为步行街风貌要素的特殊性,比较了不同类型户外广告的注视情况并剖析内在原因;"风貌建筑"中,以步行街最具知名度和风貌特征的和平饭店为研究对象,在上文东拓段景观序列已有研究的基础上,从"远景"和"近景"两个层面分析了它对外滩的视线引导及夜晚的感受强化;"休憩设施"结合相关管理要求,从审美和功能两个层面,对两个路段的典型座椅进行了分析。

　　通过与白天街道场景的对比研究,夜景照明对步行街景观风貌感受的影响可以总结为视线向重点要素、区域的进一步聚焦,同时这种聚焦带来了景观风貌感受的强化。下面从原本段、东拓段两大重要路段分别展开分析。

4.2.4.1　原本段的夜景照明特点

　　原本段通过夜景照明使得重点进一步被突出,同时整体环境的统一性及氛围感得到强化。这在眼动注视上,表现在整体注视相较于白天,更加聚集在与景观风貌感受关联较大的要素上,主要包括户外广告和历史风貌建筑,而其他环境要素的感知均被弱化。比较原本段白

图 4-22　原本段白天（上）及夜晚（下）典型节点聚合热力图
图片来源：陈奕言拍摄、绘制

天与夜晚的聚合热力图可以发现，夜晚的注视较白天更加集中，热力图整体红色的区域面积更大，而绿色、黄色的部分较白天更少（图4-22）。

　　进一步从各环境要素的注视情况出发，并与白天的情况进行对比，分析这种注视特点产生的原因。从总注视时间来看，可以发现户外广告的总注视时间较白天进一步增加，且显著领先于其他要素，而其他要素之间的差距进一步缩小（图4-23）。这一现象从信息密度（即单位注视量）的比较中更加明显，可以看到，户外广告的信息密度在夜晚为4.36，依旧显著高于其他各类要素，同时较白天的3.55有一定的增加。在夜景照明的引导下，人们对于绿化的注视也有一定提升，从白天0.43提升到夜晚的0.60。而其他白天较为突出的要素如铛铛车（观光小火车）在夜晚的信息密度被显著削弱，从白天的1.88降至夜晚的0.25。其他环境要素如街道家具等在夜晚也有一定程度的削弱（图4-24）。具体统计结果见表4-7。

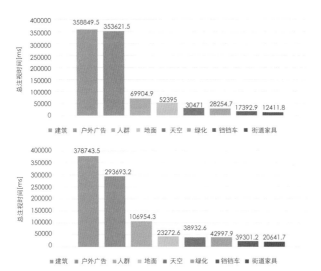

图 4-23　原本段夜晚（上）及白天（下）各要素总注视时间比较
图片来源：陈奕言绘制

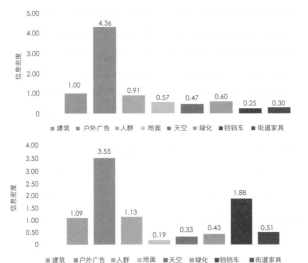

图 4-24　原本段夜晚（上）及白天（下）各要素信息密度比较
图片来源：陈奕言绘制

表 4-7　原本段夜晚各要素注视情况统计总表

AOI	AOI 面积 [px]	AOI 面积占比	注视时间 [ms]	注视时间占比	信息密度
建筑	1183109	0.39	358849.5	0.39	1.00
户外广告	266766	0.09	351621.5	0.38	4.36
人群	384378	0.13	69904.9	0.08	0.60
地面	369323	0.12	52395	0.06	0.47
天空	397501	0.13	30471	0.03	0.25
绿化	311653	0.10	28254.7	0.03	0.30
铛铛车	63347	0.02	17392.9	0.02	0.91
街道家具	72035	0.02	12411.8	0.01	0.57

在户外广告方面，各式各样户外广告的色彩在夜晚更加凸显，显得更加有重点、丰富和令人目不暇接。其中尤其是原本段特色的外挂式店招，晚间其霓虹灯管的照明方式较为少见，一些在白天没有受到过多注视的店招，在夜间也得到了较多的关注。参与者的关联陈述如下：

"霓虹灯色彩斑斓，感觉都挺好的，与白天的差别挺明显的，因为这些色彩突出来了，后面的建筑就沉下去了，我觉得比较有重点，比较吸引人。"

"那些招牌的灯光和色彩把两侧的建筑变得更丰富了，可看的东西更多了，然后有一种目不暇接的感觉，整体统一性也更强了。"

　　"感觉夜晚这些招牌相比后面的建筑更加突出，色彩搭配看起来也比白天更加丰富，有些招牌白天感觉灰蒙蒙的，也比较旧了，但晚上打灯之后感觉就非常不一样，比较吸引人，白天那种稍微杂乱的感受也少了，比较统一。"

　　可见，参与者认为户外广告在夜晚作为重点被突出了，同时也提到建筑在夜晚作为背景进一步退到了视线的次要位置。具体观察建筑方面的注视情况，可以判断实际注视与这种口述的感受是否吻合。整体而言，从表 4-7 中可以看到，夜晚建筑的单位注视量即信息密度为 1.00，略低于白天的 1.09。分别观察 5 个典型节点中建筑的信息密度可以发现，虽然节点 1、2、5，夜晚建筑的单位注视量都低于临界值 1，且较白天都有一定程度的下降；但在历史建筑集中的节点 3 和节点 4 却有明显提升，分别从白天的 1.20 和 1.51 提升到夜晚的 1.24 和 1.71。（图 4-25）。

　　此外，建筑这种注视情况的转变，也使得白天对普通现代建筑较老旧、立面材质不佳、整体环境略显杂乱的负面感受有所弱化。夜晚掩盖了大部分的现代风格和较为老旧的建筑形态轮廓、细节，并弱化了杂乱要素的干扰，因此整体统一性更强。

　　再看节点 3 和节点 4 中建筑的情况，两个节点的信息密度从白天的 1.20 和 1.51 上升为夜晚的 1.24 和 1.71，均有一定程度的提升。而历史风貌特征更为明显的节点 4，相对节点 3 依旧具有更高的信息密度。这说明历史建筑的景观风貌感受在夜景照明的加持下有了进一步的提升。

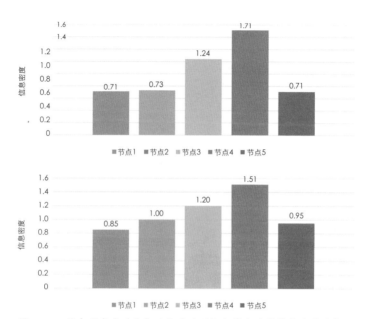

图4-25　原本段夜晚（上）及白天（下）各节点建筑信息密度比较
图片来源：陈奕言绘制

　　但具体比较节点3和节点4白天及夜晚的聚合热力图（图4-26），可以直观地发现，历史建筑上的注视很大程度集中在户外广告的位置，有喧宾夺主之嫌。尤其是节点4中，除了远处画面中心的店招在夜晚受到了集中的关注，右侧永安百货顶层的户外广告也受到了极多的关注。具体而言，左侧的永安百货在夜晚打灯后人的注视变得更加集中强，但右侧的上海时装公司不仅没有特殊的灯光设计，同时建筑顶部钟表的大型广告在白天就吸引了很多的注意，在夜晚

图 4-26 节点 3（上）和节点 4（下）白天及夜晚的聚合热力图比较
图片来源：陈奕言拍摄、绘制

打光后注视的聚集现象更加明显。而这个街道界面作为道路交叉口，较为完整地展示了步行街上的历史风貌建筑，此种户外广告的布置及灯光效果，不仅弱化了白天对风貌建筑注视的引导，也弱化了夜间风貌建筑的特征表达。

除了具体环境要素层面注视的聚焦，夜景灯光也强化了原本段街道整体的商业氛围，并在情感因素上进一步拉近与人的距离，增强了环境吸引力。这点从众多参与者的感受陈述中可以有力证明。以下是具体的关联陈述摘录：

"灯光的布置上偏暖色调一些，同时夹杂着一些其他色调，这样的配景让我感觉很温暖，也很有繁华的感觉。"

"晚上的话感觉霓虹灯的效果特别有那种商业的氛围，烟火气比较浓一点，更加有自己闲逛的这种情调在里面。"

"夜景灯光的布置让我很有想逛街的欲望，特别的明亮，让人感觉很开心。"

"那种商业街的氛围，活跃的氛围，让人觉得情绪更好一点。"

"这些五颜六色的灯亮起来，感觉这里的生活气息会更浓厚一点。最大的不同应该就是这个吧，而且感觉比白天要更热闹一点。"

"感觉晚上的南京路比白天呈现的复杂度要更高一些，也更加世俗化，更加吸引人。"

总结来说，一方面街道的夜景灯光强化了街道商业氛围，暖色的灯光使得情绪唤起，让人更有逛街的欲望；另一方面夜景灯光也强化了生活气息，带来比白天更加丰富、复杂、热闹的感受。具体而言，商业氛围层面，暖色调的夜景灯光使人"觉得情绪更好""感觉开心""氛围活跃"，从而"更有逛街的欲望"；而生活气息层面，夜景灯光使人感觉"温暖明亮""更加世俗化""复杂程度更高"，从而使人感到"更有吸引力""更有闲逛的情调"。值得注意的是，这种整体氛围层面的加强可能并不是由于某种环境要素的注视，而是整个夜景、所有环境要素共同作用带来的视觉整体效果。

4.2.4.2 东拓段的夜景照明特点

夜景照明在东拓段的景观序列中，通过强化与街道尽头陆家嘴建

图 4-27　东拓段节点 5 白天及夜晚陆家嘴建筑群 AOI 绘制情况
图片来源：陈奕言拍摄、绘制

筑群的衔接感知，凸显了城市意象，从而提升了城市风貌感受。比较白天和夜晚外滩展开的节点 5 中陆家嘴建筑群的注视情况（图 4-27，表 4-8），可以发现夜晚中"整体建筑群"（即红色的东方明珠与黄色的其他建筑整体的注视情况）的信息密度即单位注视量为 3.08，显著高于白天的 2.27。在整体建筑群中，夜晚东方明珠信息密度达到 3.64，超过了夜晚其他建筑的 3.01，而白天东方明珠的信息密度仅为 2.18，低于白天其他建筑的 2.28。可见，夜晚整个陆家嘴建筑群的注视量显著高于白天，尤其是东方明珠。陆家嘴建筑群及其所展示的外滩天际线景观，是上海最具代表性的城市景观，可以给整个街道注入上海本地的历史文化特征，利于城市意象的表达。

　　在"心目中的上海"的调研中，更多参与者选择了夜晚，这再次印证了夜景照明使景观风貌感受得到了强化。具体而言，有 62% 的参与者认为夜晚的街道场景更符合心目中上海的形象。比较白天与夜晚的注视热力图可以直观地发现，在调研中，夜晚场景中的东方明珠等陆家嘴建筑被更多地注视（图 4-28）。城市地标的更多注视使得上海的城市意象更加鲜明，从而影响了选择结果，使得更多参与者认为夜晚的街道更符合他们心目中的上海。

表 4-8　东拓段节点 5 白天及夜晚陆家嘴建筑群的注视情况总表

	AOI	AOI 面积 [px]	AOI 面积占比	注视时间 [ms]	注视时间占比	信息密度
白天	其他建筑	104904	0.16	70721.8	0.37	2.28
	东方明珠	10127	0.02	6530.5	0.03	2.18
	陆家嘴建筑群	115031	0.18	77252.3	0.41	2.27
夜晚	其他建筑	81903	0.13	75217.9	0.39	3.01
	东方明珠	9873	0.02	10945.8	0.06	3.64
	陆家嘴建筑群	91776	0.14	86163.7	0.44	3.08

图 4-28　"心目中的上海"选择的聚合热力图
图片来源：陈奕言拍摄、绘制

"心目中的上海"选择中参与者陈述的理由也明显说明，通过对以东方明珠为代表的陆家嘴建筑群的注视，他们进行了有关上海城市意象的联想，并基于对上海"不夜之城""现代摩登海派""夜景繁华""光怪陆离、纸醉金迷"的具体印象，最终做出夜晚更符合"心目中的上海"的选择。以下是具体关联陈述的摘录：

"感觉晚上的东方明珠更显眼吧，它是上海最具有代表性的地标，可以给整个街道注入一些历史文化的特征，还有上海的特色，所以觉得晚上更符合。"

"其实东方明珠塔，本身它晚上的色彩变化是比较明显的，并且可以更好地抓住人的目光。"

"上海是所谓的不夜之城，通过对面东方明珠的这种景色，我还是觉得晚上比较适合我心目中的上海的印象。"

"因为东方明珠所在的陆家嘴那边，霓虹灯特别闪耀，很 bling bling 的感觉。"

"上海给人一种现代、摩登、海派的印象，场景 B 当中的这种黄紫色的霓虹灯，商业店招，包括行人，以及远处东方明珠，这些可能更符合我心目中的上海。"

"我对上海的了解，可能它最有名的就是外滩，外滩又是夜景比较出名，然后就会觉得灯光加上建筑，符合上海比较繁华的印象。"

"小时候看的那种都是光怪陆离、纸醉金迷的感受，场景 B 包括里面的东方明珠塔啊，建筑打光啊，会感觉相对符合一些。"

　　从以上陈述中可以发现，正是由于夜景灯光使得城市地标东方明珠塔"更显眼""色彩变化多"，加深了参与者对上海城市意象的感知，给夜晚街道的景观风貌增添了城市特征的感受，从而促使更多人认为夜晚更符合他们心目中的上海。

　　再从景观序列的连续性和节奏感层面剖析这种强化产生的原因。在离外滩较远的街道段落时，注视进一步聚焦于最远处的街道灭点周围，产生更强的连续性感受，这可能与夜晚和平饭店打光后视线引导有所增强有关。比较白天与夜晚离外滩较远场景的聚合热力图（图4-29）可以直观地发现，表示注视集聚的红色热力在夜晚更加集中于画面中心的街道尽头灭点附近。以第一个场景为例，白天的注视更集中于两侧建筑的店招上，较少集中在街道尽头；但夜晚时情况完全发生了转变，夜晚的注视更多集中在街道尽头，两侧建筑的店招变为较少注视的绿色热力。其他场景中也存在类似的情况，同时，夜晚较白天更少有街道尽头之外的对其他区域环境的观察。这说明在夜晚注视

图4-29　白天与夜晚场景的聚合热力图比较
图片来源：陈奕言拍摄、绘制

存在进一步聚集的现象,这也加强了整个通往外滩景观序列的连续性。

　　在到达街道尽头时,高宽比收紧带来的框景效果在夜晚由于明暗的巨大反差被加强,因此框景范围中的景物受到更多的注视,从而产生更加强烈的节奏感受。量化统计白天与夜晚场景中"框景范围"和"建筑及地面范围"的注视情况,结果显示夜晚框景范围的信息密度为2.83,高于白天的2.65(图4–30)。而将"框景范围"中信息含量较低的"天空"进一步切分出来后,可以发现夜晚场景中框景范围内的"东方明珠等建筑"的信息密度即单位注视量达到8.14,显著高于白天的6.35。此外,虽然白天与夜晚场景中天空的信息密度差距不大,但其数值分别达到了1.67和1.50,均超过临界值1,而原本段及一般情况中天空的信息密度往往极低,可见框景效果对框景范围内景物的注视加强是显著存在的(图4–31)。

	AOI	AOI面积	AOI面积占比	注视时间[ms]	注视时间占比	信息密
白天	建筑及地面范围	554080	0.87	123249.3	0.64	0.74
	框景范围	85955	0.13	68221.2	0.36	2.65
夜晚	建筑及地面范围	555601	0.87	122585.3	0.63	0.72
	框景范围	84572	0.13	73085.2	0.37	2.83

图4–30　白天与夜晚框景效果的比较
图片来源:陈奕言拍摄、绘制

	AOI	AOI面积[px]	AOI面积占比	注视时间[ms]	注视时间占比	信息密度
白天	东方明珠等建筑	18044	0.03	34252.1	0.18	6.35
	天空	67911	0.11	33969.1	0.18	1.67
夜晚	东方明珠等建筑	16869	0.03	41982.7	0.21	8.14
	天空	67703	0.11	31108.5	0.16	1.50

图 4-31　白天与夜晚框景效果区分天空和东方明珠后的比较
图片来源：陈奕言拍摄、绘制

　　除了对陆家嘴建筑群衔接感知的强化外，夜景灯光在情感上也拉近了东拓段街道与人的距离，弱化了白天给人带来的"冷漠""疏远"的负面感受，提高了街道环境的吸引力。这一部分的关联陈述摘录如下：

　　　　"因为白天它的店铺没有大的招牌，街道看起来就像一堵墙，但是晚上它透出来的灯光会更加吸引人去注意到这些店铺里面，晚上在灯光这种暖色调的氛围烘托下，感觉这条街也没有白天那么冰冷了。"

　　　　"晚上加上这个比较暖色的光之后，就感觉比较温暖，心里会有这种暖暖的感觉。"

　　　　"这段路程之前，白天会觉得有点冷冰冰的，有点拒人千里之外的感觉，但是因为色彩和灯光的变化，晚上就会好些。整体的话会比白天看起来更热闹一些。"

"晚上更有一种夜上海的那种霓虹灯似的感觉，白天的话感觉有点冷冷清清。"

可见，东拓段的夜景照明带来了情感上的偏好，整体暖色调色彩和灯光的变化使人感到温暖和更富有商业氛围。

虽然大多数参与者选择了夜晚的场景，但也有38%的参与者更偏好白天，从他们陈述的理由来看，他们大多认为街道尽头的夜景灯光效果，在色彩选择、搭配等方面存在一些问题。具体陈述内容如下：

"这里的灯光颜色不太协调，这边紫色配黄色，中间一个蓝色，感觉很怪。"

"但是我感觉在色调上还是更喜欢白天一点，因为白天比较优雅一点，晚上这里的颜色太五花八门了。"

"觉得这些灯的颜色有点乱，反而没有白天那种比较典雅的感觉。"

"感觉可能一些灯光颜色用得比较妖艳。左边的这个应该是和平饭店，和平饭店这个光色怎么会这么变化，这么土，让人看着有点难受。"

这些参与者多认为这张场景中的灯光"颜色搭配不协调""太五花八门""颜色饱和度过高"等，而选择夜晚的参与者中有部分人认为这种灯光搭配与"光怪陆离"的上海夜景相匹配。如何在这两者间保持微妙的平衡，是东拓段夜景照明设计需要仔细斟酌的重点。

4.2.5　特征要素 2：户外广告

在上文路段感受和实景头戴实验的研究中可以发现，户外广告是步行街中非常重要的一类风貌要素：不仅受到了很多关注，而且通过对其密度的控制可形成独特的风貌感受。本节通过行为选择，进一步比较步行街中户外广告林立的典型路段和非典型路段的风貌感受差异，并比较不同户外广告密度路段对行为选择的影响；此外，将户外广告进一步细分，比较其注视情况的差异。对选择中出现的 1 个非典型路段和 3 个典型路段街景，共 4 个场景划分要素 AOI 并统计整体注视情况（图 4–32）。

AOI 包括"外挂式店招""字符式店招""路旗广告""电子屏幕""独立式广告""街道家具""绿化""人群""建筑""天空""地面"，其中户外广告进一步细分的类型包括"外挂式店招""字符式店招""路旗广告""电子屏幕"和"独立式广告"。

从整体注视时间和信息密度统计结果中可以发现，除了"外挂式店招"总注视时间排名第二外，其他户外广告类要素总的注视时间不高，但户外广告在信息密度排序中都相对靠前，普遍具有较高的信息

1个非典型路段街景　　　　　　　　3个典型路段街景

图 4-32　4 个场景的 AOI 划分情况
图片来源：陈奕言拍摄、绘制

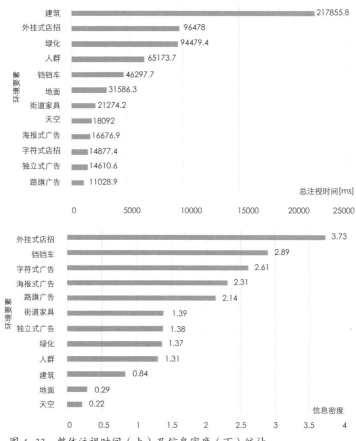

图 4-33 整体注视时间（上）及信息密度（下）统计
图片来源：陈奕言绘制

密度。而注视时间显著高于其他要素、排名第一的"建筑"，其信息密度即单位注视量仅 0.84，整体的受注意程度并不高（图 4-33）。这也再次印证，信息密度相比注视时间，可以更加有效地衡量要素被注意的程度。

对比路段感受的统计情况，各环境要素注视情况的统计（表4-9）出现了更多高于临界值1的要素。这是因为行为选择中，当参与者思考具体问题"更想去哪逛"时，其注视会更加聚焦相关要素，因此结果反映了更加丰富的考量要素。为了便于讨论，按信息密度的高低将各要素进一步分为"高信息密度要素（>2）""中信息密度要素（1~2）""低信息密度要素（0~1）"三类，其结果和实景头戴实验中的结论类似。高信息密度要素（>2）包括外挂式店招、铛铛车、字符式店招、电子屏幕和路旗广告，这之中除了铛铛车以外都是户外广告类要素，这些要素往往面积较小，其中面积占比最多的外挂式店招也仅达到3.9%，但都获得了较多的相对注视。中信息密度要素（1~2）包括街道家具、独立式广告、绿化以及人群，这些要素由于一定程度

表 4-9　各环境要素注视情况统计总表

	AOI	AOI 面积 [px]	AOI 面积占比	注视时间 [ms]	注视时间占比	信息密度
高信息密度要素(>2)	外挂式店招	99799	3.9%	96478	14.6%	3.73
	铛铛车	61768	2.4%	46297.7	7.0%	2.89
	字符式店招	21950	0.9%	14877.4	2.3%	2.61
	电子屏幕	27824	1.1%	16676.9	2.5%	2.31
	路旗广告	19868	0.8%	11028.9	1.7%	2.14
中信息密度要素(1~2)	街道家具	58841	2.3%	21274.2	3.2%	1.39
	独立式广告	40693	1.6%	14610.6	2.2%	1.38
	绿化	266221	10.5%	94479.4	14.3%	1.37
	人群	192343	7.6%	65173.7	9.9%	1.31
低信息密度要素(0~1)	建筑	994237	39.1%	217855.8	33.0%	0.84
	地面	414297	16.3%	31586.3	4.8%	0.29
	天空	320356	12.6%	18092	2.7%	0.22

上也反映了街道的活动内容和空间品质，其信息密度也超过了 1。低信息密度要素（0~1）为建筑、地面和天空，其中建筑的总注视时间远超其他要素，但其客观视觉面积也高达 39.1%，因此单位注视量仅为 0.84。总之，整体层面的统计结果再次印证，户外广告是步行街上一类蕴含丰富环境信息的要素，值得重点关注。

4.2.5.1　户外广告的密度

在分析整体的注视情况后，再考量非典型路段街道（A）与典型路段街道（B）的选择情况（图 4-34）。参与者需从 A、B 两组系列照片中做出更想去哪个街道逛的选择，可以直观地发现，在 3 次选择中，绝大多数参与者选择了典型路段街道的 B 系列照片，而其陈述的理由也多与户外广告等高信息密度要素相关。

以下是参与者关联陈述的摘录：

　　"更想去的是右侧的街道，主要是因为招牌、广告整个的布置和色彩的搭配都更丰富，以及可以看到一些具有代表性的事物，

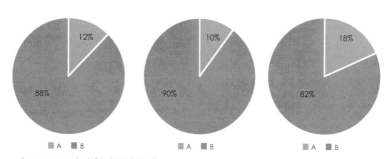

图 4-34　3 次选择的结果统计
图片来源：陈奕言绘制

比方说游览的这种小红车之类。"

"这些广告牌还挺代表上海的这种特色的，它有一种独特的景色，左边还是跟平常的城市当中的步行街没啥区别。"

"B 有很多招牌，让我觉得有很多可以逛的地方，A 的话没有一个招牌，我会觉得不知道里面有什么东西，因为是逛街，所以我会想看到有趣的店就进去。"

"B 的商业招牌会更加明显，让人比较有针对性地知道，如果我去的话我能买到什么商品。"

"有很多广告牌，很吸引人的注意，还有很多浓墨重彩的颜色，会让我感觉有一些特色的东西。"

可见，户外广告等高信息密度环境要素"色彩丰富""独具特色""有代表性"，同时能够让人了解"能买到什么商品"，从而促使参与者做出"更想去 B 系列街道逛"的选择。

进一步比较典型路段街道和非典型路段街道中高信息密度要素的客观视觉面积（图 4-35），可以发现，右侧典型路段街道（B）相比左侧非典型路段街道(A)有更多的高信息密度要素，尤其是户外广告，这直接致使更多参与者选择了典型路段街道（B）。而这种选择的本质是 B 系列街道通过高信息密度要素，尤其是各类户外广告反映了更多关于游逛选择和活动可能的环境信息。

再比较 3 次典型路段街道与非典型路段街道的选择情况，可以发现户外广告密度最低的选择 3 中有更多参与者选择了 A 系列街道，而选择 1 和选择 2 中选择 A 系列街道的极少且占比接近。量化统计所有参与者 3 次选择中 A、B 系列图片间眼跳回视次数及累积的总决

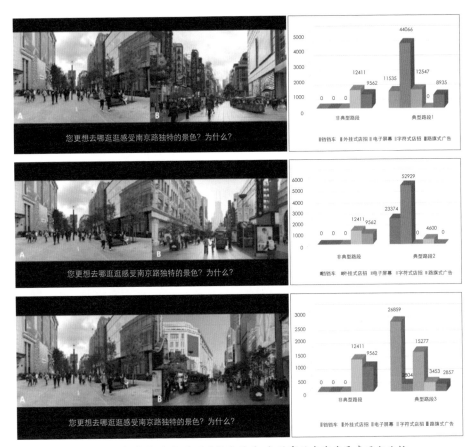

图4-35　非典型路段街道（A）与典型路段街道（B）的高信息密度要素面积比较
图片来源：陈奕言拍摄、绘制

策时间后（表 4-10，图 4-36），可以明显看出，参与者普遍在选择 3 时存在更多 A、B 两个系列图片间反复眼跳回视进行比较的现象，且花费了更多的时间才最终做出决定。

表 4-10　3 次选择中 A、B 系列图片间的眼跳回视次数统计

眼跳回视次数		
选择 1	选择 2	选择 3
164	183	234

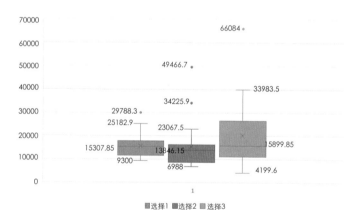

图 4-36　3 次选择的决策时间统计
图片来源：陈奕言绘制

由此可以认为，典型路段街道 3 由于户外广告等高信息密度要素面积占比最少，因此在与非典型路段街道对比时，参与者产生了一定程度的认知选择困难。此外，选择 2 时，也有不少参与者有意识地将典型路段街道 2 与 1 进行了比较，并认为典型路段街道 2 "整体特征不够明显""店招不够丰富"且"风格不够突出"等。

4.2.5.2 户外广告的类型

比较不同户外广告类型的风貌感受差异，根据 3 个典型路段街道中"外挂式店招""字符式店招""电子屏幕""路旗广告""独立式广告"五种户外广告类型整体及各自信息密度及注视时间的统计结果（图 4-37），可以发现南京路步行街上的"外挂式店招"在户外广告中具有特殊性，是户外广告中最重要的一类。不论是整体层面还是 3 个场景各自层面，它的信息密度和注视时间均显著高于其他户外广告形式，其重要性可见一斑。

根据参与者的陈述，外挂式店招作为特色风貌要素蕴含多层次的风貌感受信息，这使之成为南京路上不同于其他形式户外广告、最重要的高信息密度要素。具体来说，外挂式店招在"感官感受""行为感受""精神感受"三个层面都蕴含一定的环境信息。

首先，在感官感受层面，其丰富多样的色彩及外挂于建筑立面布置的特殊形式，就带来了独特的景观风貌感受，以下是参与者的关联陈述摘录：

"很明显的招牌，它的整个布置形式，就是它从建筑上凸出来的这种形式，以及色彩的搭配上，让人感觉很有活力。"

"招牌的颜色比较鲜艳，我会比较喜欢颜色鲜艳、明亮一点

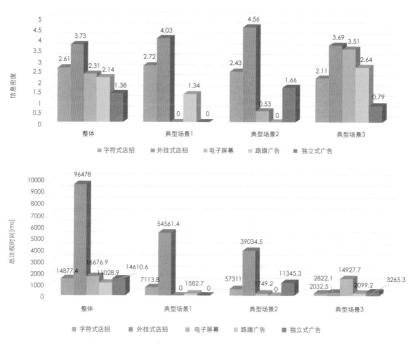

图 4-37　各类户外广告的信息密度（上）及注视时间（下）统计
图片来源：陈奕言绘制

的。感觉颜色从视觉上就很吸引我。"

　　"有很多浓墨重彩的颜色，而且这些招牌还是竖起来的，感觉平时不常见，会让我感觉有一些特色的东西。"

　　可见，外挂式店招颜色"鲜艳""浓墨重彩"，同时"从建筑上凸出来""竖起来"的布置形式，在视觉感官层面显得"有活力""吸引人"，从而使参与者产生"有特色"的风貌感受。

其次，在行为感受层面，外挂式店招上提供了各类商业活动相关的业态信息，让人产生商业氛围浓厚的感受，关联陈述摘录如下：

　　"商业的招牌更加明显，让我知道如果我去的话能买到什么商品，因为是逛街，我会看到有趣的店就进去。"

　　"看到这些招牌就感觉商业气息比较浓厚吧，感觉有很多能逛的内容，对我来说吸引力会比较大一点。"

　　"这些悬挂的牌子，可以让人知道有很多不同的小商铺，就感觉会有很多你可以看到、可以招揽你的东西。"

最后，在精神感受层面，外挂式店招还蕴含着"老上海"的城市历史特征，在精神层面容易勾起联想回忆，从而产生情感共鸣，以下是关联陈述的摘录：

　　"悬挂的广告牌，还挺代表上海的这种特色的，就很有老上海的那种商业街的感觉。"

　　"这些招牌上的老字号我很小的时候就知道，当时也和家里人一起吃过，会有一些童年记忆，感觉还是挺怀念的。"

　　"有很多招牌，像上海的20世纪八九十年代的那种，更有可能是所谓老上海的这种氛围的感觉。"

总之，外挂式店招所蕴含的多层环境信息使得它作为备受关注的户外广告类型具有必然性，也决定了其在南京路步行街上的特殊性。

除了外挂式店招外，在整体层面，信息密度第二高的户外广告类型为字符式店招，其信息密度达到 2.61，由于其字符式的形式清晰且可读性高，同时一些国际品牌的大型字符式商标也能快速传递相关商业信息，如东拓段的乔丹旗舰店、原本段的苹果旗舰店等，且以往研究中也有证据表明字符的店招形式在街道中容易受到关注[4]。此外，在整体层面，路旗广告和电子屏幕的信息密度及注视时间都较为接近，而位于街道中，不附属于任何建筑或设施的独立式广告，其信息密度为 1.38，在户外广告中最低，总注视时间也不高，是南京路步行街中最不受到关注的户外广告类型。这可能是因为其广告内容往往以图画形式为主，相对其他形式更难快速传达广告信息，同时其色彩、形式在整个街道环境中也并不显眼。以上各类户外广告的注视情况分析，有利于今后有针对地改造和优化步行街。

4.2.6 特征要素 3：风貌建筑

上文中针对东拓段的景观风貌感受研究表明，街道尽头的风貌建筑和平饭店强化了与外滩相连接景观序列的连续性，对外滩存在一定程度的视线引导。本小节以和平饭店为例，通过远景（视距 300 m）和近景（视距 100 m）两种情境下的行为选择，进一步分析和平饭店对外滩的视线引导及夜景照明的强化。

4.2.6.1 风貌建筑和空间构图

整体上无论是近景还是远景，白天或夜晚，和平饭店对外滩都存在较强的视线引导。这种引导主要通过在把和平饭店布置在画面中心的灭点位置来实现。这种引导效果从所有参与者注视情况的聚合热力图可以直观地看出，当思考"哪个场景更让您觉得外滩快到了"时，所有近景或远景、白天或夜晚的场景中，四个画面的注视都集中在街

图 4-38 远景（上）和近景（下）的聚合热力图
图片来源：陈奕言拍摄、绘制

道灭点的和平饭店位置（图 4-38）。

　　进一步量化整体层面各环境要素的注视情况后，可以再次有力印证以上结论：和平饭店的总注视时间和信息密度即单位注视量最高且远超其他要素，可见它在整个街道环境中确实受到了最多的注意（表4-11）。

4.2.6.2　风貌建筑和夜景照明

　　从白天和夜晚的选择情况和总注视时间的比较来看，夜景照明明

表 4-11　整体层面各环境要素的注视情况汇总表

AOI	AOI 面积 [px]	AOI 面积占比	总注视时间 [ms]	注视时间占比	信息密度
和平饭店	15640	0.02	478439.4	0.29	16.62
其他建筑	320558	0.36	517350.4	0.31	0.88
绿化	166280	0.19	173792.8	0.11	0.57
天空	97165	0.11	171228.7	0.10	0.96
人群	116353	0.13	155252.5	0.09	0.73
路灯	19259	0.03	53615.8	0.02	0.67
地面	146710	0.16	87129.5	0.05	0.32
座椅	13799	0.02	11761.7	0.01	0.46

显强化了和平饭店对外滩的视线引导和感受。一方面，从整体选择情况来看，远景和近景中选择夜晚的参与者共占 65%，显著多于白天。参与者口述的理由也说明，夜景照明强化了和平饭店的视线引导，"突出重点""对比强烈"。以下是关联陈述的摘录：

"后面那是和平饭店吗？和平饭店通过夜景照明以后更加能够突出它的建筑，就显得很有重点。"

"因为晚上建筑跟景物的对比还是比较强烈的。"

"晚上对比会更加强烈，所以夜间会更让人感觉到我离外滩更近。"

"这栋楼给人的印象比较深刻，在有灯光的情况下，它显得比较突出。"

"最前面的建筑晚上的这张照片比较显眼。"

可见，风貌特色较为出众的和平饭店在夜幕之下，经过夜景照明的装饰显得更加突出，与周围环境的对比也更加强烈，因此使人感到离外滩更近。

另一方面，从总注视时间来看，无论近景还是远景，夜晚图片的总注视时间都显著高于白天。夜间的和平饭店具有更强的吸引力，存在更强的视线引导（表4-12）。

表4-12　远景和近景选择中夜晚和白天照片的总注视时间统计　单位：[ms]

远景		近景	
夜景照片	659863.4	夜景照片	425358.6
白天照片	564830.7	白天照片	385773.3

比较远景和近景照明发现，远景通过绿色屋顶的光效突出重点进行视线引导，近景中参与者则更关注建筑立面及细节与灯光的协调。从远景的情况来看，远景的选择中，选"A夜晚"的占比达73%，显著多于"B白天"的27%，有更多参与者认为夜晚和平饭店的视线引导更加强烈（图4-39左）。而和平饭店何种区域的注视使得这种视

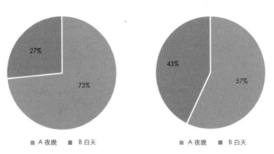

图4-39　远景（左）和近景（右）选择结果统计
图片来源：陈奕言绘制

图 4-40 远景中选 A 夜晚（中）及选 B 白天（下）参与者的热力图比较
图片来源：陈奕言拍摄、绘制

线引导的感受更加强烈，通过比较选 A 和选 B 参与者的聚合热力图可以发现，选择"A 夜晚"参与者的注视明显集中在和平饭店的屋顶部分，和平饭店屋顶的注视促使他们做出夜晚的选择（图 4-40）。

参与者口述的理由对此也有所印证：和平饭店的绿色打光屋顶在黑色的背景下更加瞩目，在远景中通过这种灯光的引导突出了重点，由此强化了对外滩的引导和暗示。以下是参与者关联陈述的摘录：

> "因为看见绿色顶的建筑就能感觉外滩快到了，那个绿色顶给人的感觉比较显眼，而且周边灯光都是暖色调的，只有它是绿色。"
>
> "远处建筑物的绿色的顶，让人有一种有目标和目的地的感觉。"
>
> "因为和平饭店绿色的灯比较有特色，就是那个绿色的帽子。"
>
> "能看到那个绿色灯光把和平饭店的屋顶给打了出来，就感觉快到外滩了。"

远景中和平饭店的绿色屋顶在夜晚更加"显眼""有特色"，而绿色的色调也与周边暖色的灯光差异较大，从而提高了建筑的显著性，给人带来一种"接近目标和目的地"的感受。

相较于远景中较为成功的视线引导，近景的选择中，虽然选"A夜晚"的占比达 57%，多于选"B 白天"的 43%（图 4-39 右），但相较于远景，夜晚与白天的选择占比差距并不大。同样对选 A 和选 B 参与者的聚合热力图（图 4-41）进行比较，整体层面可以发现无

图 4-41　近景中选 A 夜晚（中）及选 B 白天（下）参与者的热力图比较
图片来源：陈奕言拍摄、绘制

论选"A 夜晚"或是"B 白天",注视都更加聚集在建筑屋顶之下的立面位置,这说明当距离拉近时,视线的关注从远处的屋顶转向了更加有细节的建筑立面位置。而观察选择"B 白天"参与者的注视,可以发现注视更加明显地集中在和平饭店的建筑立面位置,可见白天和夜晚和平饭店建筑立面位置的对比观察使得他们做出最终的选择。这些选择白天的参与者所陈述的理由,进一步说明了他们观察建筑立面后选择白天的原因,以下是相关陈述的摘录:

> "还是白天看起来更传统一些,晚上打了灯反而认不出来了,有点奇怪。"
>
> "建筑在上面打了个粉色的光,看起来也奇奇怪怪,不像古建。"
>
> "我觉得白天建筑更清楚,晚上紫色、黄色的打光让人感觉反而有点掩盖了建筑细节。"
>
> "晚上走近以后就跟普通商业街区没多大区别,建筑看不出来很多历史特征,灯光打的颜色也让我觉得很不像外滩。"

总结来说,近景中由于现有建筑立面的灯光掩盖了白天和平饭店作为历史风貌建筑的一些细节肌理,整体的历史风貌感受因此被弱化,而基于外滩"万国建筑博览群"包含众多历史风貌建筑的基本认知,和平饭店的历史风貌特征又是反映外滩即将到达的重要因素,因此风貌感受在夜晚的削弱使其视线引导也有所弱化。此外,部分参与者认为建筑立面的灯光颜色搭配效果不佳,因此反而认为白天对外滩有更强的视线引导。

4.2.6.3 风貌建筑和了解程度

我们发现，和平饭店对观察者注意力的吸引是普遍存在的，不因为了解程度的差异有太大差别。虽然有 21% 的参与者在问卷中表示"没注意到"和平饭店，但远景和近景中各要素的参与者关注比统计显示，所有参与者都注意到了和平饭店区域（表 4-13）。

表 4-13　远景与近景中各环境要素的参与者关注比统计

远景		近景	
AOI	参与者关注比	AOI	参与者关注比
和平饭店	100.00%	和平饭店	100.00%
其他建筑	90.50%	其他建筑	97.60%
绿化	69.00%	绿化	83.70%
天空	69.00%	天空	67.30%
人群	81.00%	人群	85.70%
路灯	81.00%	路灯	71.80%
地面	76.20%	地面	63.30%
座椅	23.80%	座椅	—

虽然所有参与者都注意到了和平饭店，但对和平饭店了解程度较高，即对其处于外滩历史风貌建筑群的地理区位、建筑地位了解程度较高的参与者，更容易快速做出选择并给出正面评价。决策时间统计结果显示（图 4-42），在"对和平饭店的了解程度"问卷中，打分越高的参与者，其决策时间越短，而了解程度较低的参与者往往花费更多的时间进行选择。可见，通过提高历史风貌建筑在公众中的认知

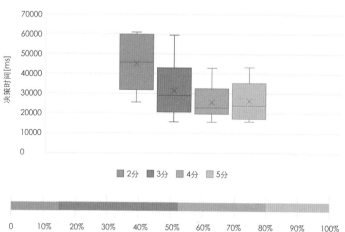

图 4-42 "对和平饭店的了解程度"不同打分者的决策时间统计（上）及占比（下）
图片来源：陈奕言拍摄、绘制

了解程度，能够一定程度提升其景观风貌感受的强度，并突出其在景观视线引导等方面的作用。然而，以和平饭店为例，其了解程度较高的"4分"和"5分"人群，其占比并不高，这可能是未来需要通过各类手段提升的方向。

4.2.7 特征要素 4：休憩设施

功能是衡量休憩设施的基本标准，上海市政府 2021 年年底发布的《上海市南京路步行街区管理办法》第二十条明确指出"休憩设施的外观应当与步行街风貌相协调"[5]。因此，从审美层面考量步行街上休憩设施和步行街环境的匹配程度是非常重要的。本节通过行为选择从功能和审美两个层面比较东拓段和原本段两种典型休憩设施的注

图 4-43　两类座椅的 AOI 绘制情况
图片来源：陈奕言拍摄、绘制

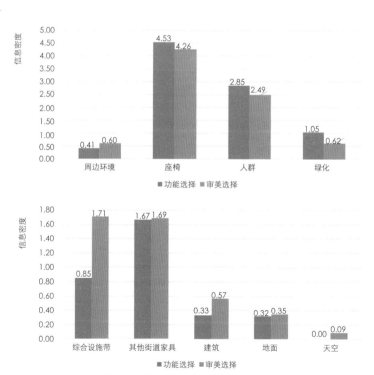

图 4-44　"功能选择"和"审美选择"中各 AOI 信息密度比较
图片来源：陈奕言绘制

视和选择情况。

功能和审美两种情境下的认知判断，其注视情况有何差异？划分各要素的 AOI 后分别量化统计两种情境的信息密度，以考察单位要素的注意力吸引程度（图 4-43、图 4-44，表 4-14、表 4-15）。

表 4-14　功能选择中各 AOI 的注视统计总表

AOI		AOI 面积	AOI 面积占比	注视时间 [ms]	注视时间占比	信息密度
周边环境	综合设施带	29516	0.07	38118	0.06	0.85
	其他街道家具	9770	0.02	24906.5	0.04	1.67
	建筑	121123	0.27	61673.8	0.09	0.33
	地面	131303	0.29	64672.4	0.09	0.32
	天空	9129	0.02	0	0.00	0.00
座椅		23287	0.05	160850.3	0.23	4.53
人群		48813	0.11	212080.5	0.31	2.85
绿化		78318	0.17	125297.7	0.18	1.05

表 4-15　审美选择中各 AOI 的注视统计总表

AOI		AOI 面积	AOI 面积占比	注视时间 [ms]	注视时间占比	信息密度
周边环境	综合设施带	29516	0.07	76635	0.11	1.71
	其他街道家具	9770	0.02	25205.6	0.04	1.69
	建筑	121123	0.27	104556.1	0.15	0.57
	地面	131303	0.29	69154.5	0.10	0.35
	天空	9129	0.02	1282.8	0.00	0.09
座椅		23287	0.05	150987.1	0.22	4.26
人群		48813	0.11	184890.9	0.27	2.49
绿化		78318	0.17	74219.8	0.11	0.62

从图 4-44（上）柱形统计图可以看出，功能选择中"座椅（休憩设施本身）""人群""绿化"的信息密度均高于审美选择。这说明在功能层面，参与者更多关注人群、休憩设施本身和绿化，以此来考量拥挤程度、座椅舒适程度、绿化空间质量等。审美选择中"周边环境"（包括"综合设施带""其他街道家具""建筑""地面""天空"）的信息密度高于功能选择。这说明在审美层面，参与者更多关注周边环境，并据此来考量休憩设施与周边环境的匹配、协调程度，以判断座椅是否具备"南京路特色"。

虽然功能和审美选择在整体"周边环境"方面的信息密度差异不大，周边环境的信息密度也不高，但从周边环境包含的各个要素的信息密度来看（图 4-44 下），审美选择的相对注视均高于功能选择，其中，原本段街景中"综合设施带"的差距最为显著，且信息密度达到了 1.71。这是因为原本段的综合设施带铺装与座椅在色彩和材质上高度统一，由此强化了整个设施带在街道中的图底关系，从而在较为丰富的原本段街道环境中显得更加醒目和协调。东拓段座椅由于周边街道环境色调、要素均较为统一，为了使座椅不至于淹没于环境之中，采用了色彩材质与周围铺装较有差异的类型，但整体而言依旧是原本段综合设施带集中布置休憩设施和其他街道家具的方式更使人印象深刻。

在整体比较了功能和审美层面的认知判断和注视差异后，再分别看两个层面各自的选择和注视情况。

4.2.7.1 功能因素

基于功能因素，选东拓段"A 座椅"的更多，占比 60%（图 4-45 左），整体注视都聚集在座椅本身（图 4-46、图 4-47）。参与者比较了两种休憩设施的座位材质、座位方向、座位大小、荫蔽程度等功

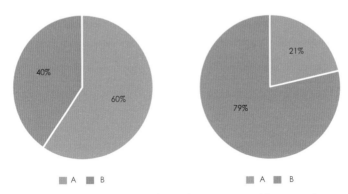

图 4-45　"功能选择"（左）和"审美选择"（右）的选择结果统计
图片来源：陈奕言绘制

图 4-46　"功能选择"中 A 座椅的原始刺激图片（左）及热力图（右）
图片来源：陈奕言拍摄、绘制

图 4-47　"功能选择"中 B 座椅的原始刺激图片（左）及热力图（右）
图片来源：陈奕言拍摄、绘制

能层面的特点，此外还看了周围人群考量拥挤程度等，更多人认为"A座椅"较舒适、较宽敞、不拥挤、私密性强且便于与同伴交流，更想过去休息小坐。

具体分析两类座椅在功能层面的差异。首先，从座位材质看，A座椅的材质为木质，较为舒适，B座椅为红色大理石，较不舒适。关联陈述如下：

> "左边这个座椅是木质的，可能坐下来舒服。右边大理石座椅看起来有点冷，可能不太舒服。"
>
> "左边的这个座椅看起来像是木质的，感觉稍微温暖一点。右边坐起来可能不是很舒服，全是石头，应该感觉不是很好。"

其次，从座位方向看，A座椅朝一面，较私密，便于与同伴交流，B座椅朝四周，不私密，也不便于与同伴交流。关联陈述如下：

> "左边A座椅只朝一个方向，隐私性比较好，不会和行人互相干扰。右边这个方向，我看什么东西或者打电话，隐私可能会受到侵犯。"
>
> "A座椅是一排的，我可以和朋友坐在一起，右边这种背对背的，可能从交流的感觉上会有一些障碍。"

再次，从座位大小看，A座椅较为开敞，空间较大，B座椅较为局促、拥挤。关联陈述如下：

　　"我觉得 A 座椅更宽敞一些，长的嘛，B 座椅看起来就有点拥挤。"

　　"A 座椅更宽敞，感觉没有那么局促和拥挤。B 座椅会让人觉得很拥挤，感觉周围的人也更多一点。"

　　最后，从荫蔽程度看，A 座椅的荫蔽程度较低，B 座椅较高。关联陈述如下：

　　"B 座椅上面有一定的遮阳功能，感觉会更阴凉一些。A 座椅虽然上面没有绿化遮阳更热，但我不用担心绿化会带来蚊虫之类的困扰。"

　　"A 座椅上面没有遮阳的植物，夏天可能会很晒。B 座椅有树荫遮挡，让我觉得比较舒服。"

　　综合以上，座位材质、方向、大小及荫蔽程度的情况，最终更多参与者认为 A 座椅在功能层面更佳，因此做出"更想去 A 座椅休息小坐"的决定。

4.2.7.2　审美因素

　　基于审美因素，绝大数参与者（79%）选择了原本段"B 座椅"（图4-45 右），整体注视较为分散，包括座椅本身及周边环境的注视（图4-48、图4-49）。具体而言，参与者比较了两种休憩设施在座椅材质、整体造型、形式风格等层面和周边环境的协调程度，绝大多数人认为 B 座椅的材质色彩和综合设施带较协调，整体街道分区明确，相较 A 座椅有更强的统一感和协调感。综合设施带将各类街道设施集中组织，

图 4-48 "审美选择"中 A 座椅的原始刺激图片（左）及热力图（右）
图片来源：陈奕言拍摄、绘制

图 4-49 "审美选择"中 B 座椅的原始刺激图片（左）及热力图（右）
图片来源：陈奕言拍摄、绘制

并采用高度统一的色彩材质，在环境丰富的步行街原本段显得富有秩序而不杂乱，使人印象深刻。此外，原本段座椅绿荫上盖的造型也符合传统廊下座椅的感觉，整体形式更有历史年代感。

　　接着具体分析两类座椅在审美方面的差异。首先，从座椅材质看，A 座椅材质为清水混凝土，较不符合南京路步行街的整体气质，B 座椅为红色大理石，与综合设施带铺装及其他街道设施较为协调。关联陈述如下：

"A 座椅感觉像铁质的一样，感觉和南京路不是很搭。但 B 座椅的这个颜色跟它的金带（综合设施带）的颜色好像是一样的。"

"A 座椅看起来材质好像是混凝土或者是铝、钢之类的，过于商务化了。B 座椅的用材和它的地面铺装比较谐调。"

其次，从整体造型看，A 座椅整体为线型，较为常见，B 座椅绿荫上盖的造型类似传统的廊下座椅，比较少见，符合南京路整体历史悠久的气质。关联陈述如下：

"A 用一些曲线这种座椅，现在比较常见。B 给我一种田园小亭子的感觉，符合传统中的那种廊下座椅的感觉。"

"A 感觉就是很普通的条形座椅的样子，现在办公楼周边比较常见的那种，没什么特色，相对来说 B 更有特点吧。"

最后，从形式风格看，A 座椅更加现代，B 座椅则更有历史年代感。关联陈述如下：

"A 太现代了，不太像是南京路应该有的东西。B 这个椅子一直都在那个地方，可能是有一定的历史了。"

"A 过于现代了，设计感也太强了，与南京路的整体氛围感觉不是很匹配。B 更有南京路那种比较历史的感觉，也更加生活化，比较符合我对南京路的印象。"

综合以上座椅材质、整体造型和形式风格方面的情况，绝大部分

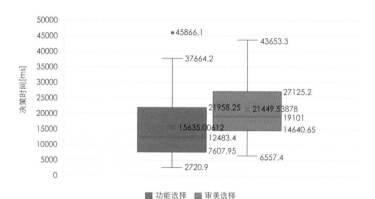

图 4-50　功能与审美选择的决策时间比较
图片来源：陈奕言绘制

参与者认为 B 座椅在审美层面"更有南京路的特色"。

　　总结功能和审美两个层面的选择情况，功能选择中更多人选"A座椅"，而审美选择中更多人选"B座椅"，可见南京路步行街的主要休憩设施在功能和审美的平衡兼顾方面存在不足。此外，审美层面虽然绝大多数参与者选择了原本段的"B座椅"，但审美选择的决策时间、回视次数相较功能选择都更多（图4-50，表4-16），说明参与者在进行审美选择时存在一定程度的认知选择困难。

表 4-16　功能和审美选择的眼跳回视次数统计

眼跳回视次数	
功能选择	审美选择
509	647

相关口述回答也表明，有不少参与者认为 B 座椅的南京路特色并不非常鲜明，"一定要做出选择的话会选 B"。关联陈述如下：

> "可能我对于南京路的特色并不能够很明确地界定，可能 B 好点吧，但是也不能说很有特点。"
> "感觉不知道怎么定义南京路的特色吧，一定要选的话就选 B 吧，但我其实不确定它的样子是不是符合南京路的这种特点。"
> "感觉得不出特别明确的答案，都不是很有特色吧。"
> "我感觉都不是特别有特色，如果一定要选的话，嗯，我想想……可能选 B 吧，我也说不出是什么原因。"
> "一定要选一个的话，那选 B，但感觉 B 也不是非常有南京路特色呢。"

此外，参与者的眼动轨迹（图 4-51）也说明，参与者最开始尝试观察座椅本身判断是否"有南京路特色"，但无法做出选择，后续通过周边环境的比较才最终做出选择。

可见审美选择时明显产生了的认知判断的困难，这表明原本段的 B 座椅本身的风貌特色依旧不够鲜明，参与者无法通过座椅本身做出选择，而需要借助周边环境的观察才得以做出"更有南京路特色"的选择。这可能是因为原本段座椅虽然在整体层面通过综合设施带的统一控制形成了与街道环境协调性更强的区域，但缺少整体之下第二层级的设计细节，可以考虑在材质纹理、底座线脚等方面进一步添加富有特色的设计细节，从而在整体统一的基础上增添休憩设施的精致感，以更好凸显步行街的景观风貌特征。

图 4-51　审美选择的典型注视轨迹图（绿色为前 5000 ms 的注视轨迹）
图片来源：陈奕言拍摄、绘制

4.3　总结：从空间要素和分段特征解构景观风貌

　　本研究识别了南京路步行街中景观风貌感受的重要路段及要素，并从重要路段及要素两个层面系统性地对景观风貌的感受特征展开研究，最后在此基础上提出与实际设计管控密切相关、可操作性较强的优化提升策略。具体研究结论如下。

4.3.1　景观风貌感受的重要路段及要素

　　南京路步行街原本段和东拓段的景观风貌差异较大，是步行街的两个重要路段，承担着不同的景观风貌要求。在要素方面，结合街道风貌已有研究与南京路步行街自身相关管理条例的要求，可知"夜景照明""户外广告""风貌建筑""休憩设施"对步行街景观风貌感受特征有较大影响，是其重要的景观风貌要素。这四大要素积聚在步行街，共同塑造了两个重要路段的景观风貌特征。

4.3.2 重要路段的景观风貌感受特征

原本段毗邻人民广场，整体商业氛围浓厚；东拓段向东与外滩相连接，具有鲜明的历史风貌特征。原本段形成了"繁华热闹""混合多元"的景观风貌特征，繁华热闹源于密集且丰富的户外广告，人群和铛铛车则在情感层面产生联结共鸣，共同构成繁华热闹的街道场景；新旧建筑、业态等的高度混合强化了新旧交融的感受，带来混合多元的风貌感受。

东拓段与外滩衔接，形成了富有连续性和节奏的景观序列，连续性是由于街道环境统一，同时街道尽头的风貌建筑和平饭店存在视线引导；而东拓段街道高宽比的逐渐升高，使得视野逐渐收紧后在街道尽头形成对东方明珠等地标建筑的框景效果，而历史建筑与现代建筑的强烈反差，也使得上海的城市特征得到充分表达，景观序列的风貌感受由此达到高潮。

需注意的是，原本段与东拓段均存在风貌特征不甚协调的细节问题，如原本段局部现代商业建筑年代久远、立面质感不佳，对整体商业氛围的塑造有所影响，且部分节点存在户外广告与风貌建筑相互冲突的现象等；东拓段虽历史氛围浓厚，但缺少商业活力，与步行街原本段的融合衔接较弱。

4.3.3 景观风貌要素的感受特征

夜景照明使视线向重点要素、区域进一步聚焦，带来景观风貌感受的强化，原本段的夜景照明突出了户外广告、风貌建筑等重点风貌要素，同时街道的商业氛围也得到强化，在情感因素上进一步增强了环境吸引力；东拓段的夜景照明则强化了街道尽头的框景效果及与地标建筑群的衔接感知，凸显了城市意象，从而强化景观风貌感受。但需注意的是，原本段局部存在户外广告与风貌建筑的灯光冲突，东拓段街道尽头的灯光存在色彩搭配不甚协调等情况。

户外广告蕴含丰富的环境信息，达到一定密度时可形成独特的景观风貌感受并影响行为选择，原本段局部节点户外广告密度不高且种类不多，风貌特征不够鲜明；不同类型的户外广告的受注意程度不同，其中外挂式店招在形式、业态等方面提供了更多层次的风貌感受信息，使之在户外广告中具有特殊性。

风貌建筑中，以和平饭店为代表的风貌建筑由于特征鲜明，对景观节点存在视线引导。远景中和平饭店通过色彩、形式较为独特的绿色屋顶突出重点，进行视线引导，近景中则在风貌建筑的立面及细节上凸显。夜景照明进一步强化了视线引导与感受，远景中屋顶的灯光进一步突出重点，但近景中灯光掩盖了风貌建筑的立面细节肌理，且灯光色彩搭配效果不佳，历史风貌感受受到弱化。此外，对和平饭店了解程度的差异也带来景观风貌感受的差异。

休憩设施中，功能层面更多考量拥挤程度、座椅舒适程度、绿化空间质量等，而是否具备特色的审美层面更多关注周边环境，考量休憩设施与周边环境的匹配、协调程度。东拓段座椅较舒适、宽敞、私密性强且便于与同伴交流，功能性较强；原本段座椅通过材质色彩与综合设施带的协调控制形成了与街道环境统一性更强的区域，但缺少整体之下第二层级的设计细节，风貌特征仍不够鲜明。

参考文献

[1] 蔡嘉璐, 王德, 朱玮. 南京东路商业步行街消费者行为变化研究——2001 年与 2007 年的比较 [J]. 人文地理, 2011, 26(06): 89–97.

[2] 邱爱荃. 上海：南京路步行街精彩不断 [EB/OL].(2022–02–16)[2022–03–06].http: // jjdf.chinadevelopment.com.cn/xw/2022/02/1765251.shtml.

[3] 常青. 大都会从这里开始：上海南京路外滩段研究 [M]. 上海：同济大学出版社, 2005.

[4] NOMOTO K, SHIMOSAKA T, SATO R. Comparison of gaze behavior among Japanese residents, Japanese visitors, and non–Japanese visitors while walking a street[C]// Proceedings of the 2018 Joint 10th International Conference on Soft Computing and Intelligent Systems (SCIS) and 19th International Symposium on Advanced Intelligent Systems (ISIS), F 5–8, Dec. 2018.

[5] 上海市人民代表大会常务委员会. 上海市人民政府令第 61 号, 上海市南京路步行街管理办法 [EB/OL].(2021–12–31)[2022–03–06].https: //www.shanghai.gov.cn/nw12344/20220127/4d4d52f387ea43909221b0f7c82dbfe9.html.

眼动追踪支持的循证设计

第5章　街道绿化遮挡的改进和推敲：
　　　　成都三道街

　　空间设计对人因感受和行为活动的影响是景观绩效评估中较难科学量化的方面，其中能够直接指导具体设计决策的就更少。第5章至第7章是环境智能健康设计分实验中心依托国家自然基金面上项目资助，结合上海同济规划设计研究院有限公司城市设计研究院城景所（简称"同济规划院城景所"）正在进行的城市更新改造实践，对眼动追踪支持的循证设计展开探索。我们尝试建立一种与实践更紧密结合的、面向设计诊断和决策的"实践+"科研服务模式。

　　本章和第7章眼动实验所服务的内容，均是成都公园城市建设中的街道更新改造工作，本章针对的是少城辖区的三道街改造。该街道是临近居住区的生活性街道，两侧分布集中了茶馆、书店等生活休闲设施；同时街道绿化水平较高，整条街绿视率稳定保持在33%左右，因此规划初步将其定位为"绿意美学文创街"。我们在调研中发现，虽然街道绿化让行人整体感受安静、宜人，但一侧行道树设置了常绿高灌木，将街道空间分割成两个部分。常绿灌木造成的遮挡，使这侧的茶馆、书店等设施的生意受到些许影响。同时由于地处成都盆地静风区、日照不充分，在没有太阳的日子里，街道中过多的常绿灌木容易给人带来阴湿、压抑的感觉。在现场我们也看到，由于受到灌木带的阻隔，人们并不经常使用西段的人行步道，反倒是更愿意走在车行道上。这两个在观察中发现的现象构成了本研究的两个实验场景，一个是买咖啡的选择（场景1），另一个是进入街旁绿地中休憩的选择（场景2）。

这两个实验从行为经济学角度看，都利用可得性偏差去干预人行为决策的助推设计。卡内曼等人在1979年发表获得诺贝尔奖的展望理论（prospect theory）之前，于1974年在《科学》（*Science*）杂志还发表过文章《不确定状况下的判断：启发式和偏差》（Judgment under Uncertainty: Heuristics and Biases），其中他们解释了操纵信息的可得性可以如何影响人的判断决策。具体到三道街，比如在买咖啡的例子中，仅仅看到对侧有咖啡店还不够，还需要看见咖啡店有足够方便获得的丰富信息，让人们可以很容易联想到买到咖啡后可以获得的快乐体验，而这种联想性偏差（biases of imaginability）会促进我们做出这种选择。塞勒在另一本非常精彩的书《错误的行为》（*Misbehaving*）里面，多次利用了可得性偏差，通过默认选项的设置来影响和改变群体决策。在"进入街旁绿地中休憩的选择"实验场景中，特别有意思的是，当人们进入空地后其实会喜欢空地和道路在内侧的设计，但是如果把视角放在空地外侧的对街，大部分人根本就不会选择进入。这也是我们在这个案例现场中观察到的，而设计师的效果图常常只考虑了前一个最佳视角，而对后一个设计场地在周边具体环境和实际使用中如何产生"想进入/想使用"的想法考虑不足。

5.1 实验背景与研究设计

5.1.1 实验实践背景

改善城市空间品质和健康服务水平是当前中国城市建设的重要任务之一。国内以北京为首的城市陆续展开了城市体检工作[1]，已经在健康城市建设领域取得显著成就。健康城市环境的营造主要有三大途径[2-4]：提升自然暴露水平、降低环境污染、促进健康行为活动。提升自然暴露水平和降低环境污染这两大途径都可以通过增加植被等自然要素[2, 4-7]来实现，从而降低死亡率[8, 9]、缓解抑郁[10]、控制污染物隐患[11, 12]，所以它们两者之间的研究网络非常紧密。而健康行为活动主要通过规划设计干预出行、活动、饮食等生活习惯[13-16]，从而促进体力活动和积极的社会交往[14, 15]。因此这方面的研究相对独立，主要由社会学、公共卫生、城市和交通管理等领域的研究者主导[2]。尽管自然暴露水平和促进健康活动的研究相对独立，但它们在实际街道空间体验中会相互影响，只是研究对这类矛盾涉猎较少。实证证据显示，过多的绿化对健康活动存在负面影响[2]，尤其是可步行性方面[17-20]；而不合适的绿色遮挡可能会阻碍步行[21, 22]、商业设施使用[23]等关键街道活动。

因此，在城市高频使用空间的健康设计诊断中，解决自然暴露和健康行为活动之间的矛盾是必经之路。有证据显示，自然暴露对健康有累积影响，所以提升自然暴露的关键是提升高频使用空间的绿视率[24]。而高频使用空间往往也是体力活动、社会交往等健康行为活动的重要干预场所[4]。所以，在这类空间中，健康行为活动和自然暴露的矛盾常常最为突出。故此，上海、北京、成都等多地街道设计导则都明确规定，有临街商业的街道步行区不建议设置绿化分隔带以免阻碍使用[25-27]。以成都三道街为例，较高的绿化水平（绿视率33.41%~33.52%）对社交活动、休闲游憩等健康活动的负面影响格外突出。过高的绿化遮挡导致人行道视线阴暗，继而导致茶馆、书店、商店等生活设施使用意愿较低。

综上所述，研究立足于三道街更新，进一步探讨以下研究问题：如何合理布局生活性街道的绿化，以平衡健康活动和自然暴露？在自然暴露较多但健康活动不足的街道中，绿化究竟是如何影响了人们的健康活动决策？能否在维持较高绿化水平的同时，促进步行、生活设施使用、绿地游憩等健康活动？如果可以，街道绿化布置应当遵循哪些原则？

5.1.2 实验理论背景

5.1.2.1 步行、设施使用、绿地游憩等街道活动是重要的健康行为

健康行为，是指对个体健康产生直接或潜在影响的活动[28]，包含步行[29, 30]和跑步健身为主的体力活动[31]，自然体验活动[32]以及社会交往活动[33, 34]等类型。

重点考量生活性街道中常见的步行和社会交往活动[35]（购物、交谈等），对健康促进是有重要价值的。因为街道绿色空间通过增强步行和社会交往来影响健康[36]，在强化社区归属感的同时弱化了孤独感，尤其能够促进老年人的社会支持感知[37-39]。在健康街道[40]建设实践中，设施的可得性[39]是促进这类街道活动的关键。

5.1.2.2 健康行为促进须在控制街道绿地率、绿视率等关键指标下讨论

尽管适度提高绿化水平有助于促进社会交往、跑步健身等健康行

为，但是过高的绿化水平也会带来负面的荫翳感受，影响场地的可达性[22, 41]和使用频率[42]。实证研究表明，当绿视率（指人的视野中绿色的占比）[43-46]在 25% 左右时，街道迷人性最高。而当绿视率继续升高（最高 34%）时，可能因为树木遮蔽视线而导致视觉探索和身体参与的下降[43]。此外，在规划设计实践中，生活性街道的绿地率要求不得小于 20%[47]。

因此，为了提升绿地的健康效益，应同时控制绿地率和绿视率这两个指标的数值。在绿地率相同的时候，探讨 25%~34% 绿视率范围内的街道绿化改造，对环境健康行为研究有实际意义[48]。

5.1.2.3 "环境暴露—注意—兴趣—欲望和行动"模型有助于科学干预健康行为

通过环境设计来促进健康行为的研究手段，有助于弥补现有城市设计尺度下行为影响测量方法的不足。现有行为影响往往通过问卷调研、行为观察[49]、VR 实验[43]等形式进行测量。而在复杂的街道环境中，更需要行为助推（nudge）理论利用环境设计、表格设计[50, 51]等看似不经意的单一默认选项设置[52, 53]来降低行为决策难度，提高便利性。实证研究表明，行为助推手段支持的环境设计大大鼓励了健康行为活动，如更醒目的楼梯布局促进了运动和社交[54]。

行为干预阶梯（the hierarchy of effects）提供了进一步锁定影响活动的具体空间要素的方法[55-57]。行为干预阶梯指代以下阶段[58, 59]（图5-1）：环境暴露—注意—兴趣—欲望和行动。首先，行为活动相关的目标信息被一部分人们注意到；其次，这种注意进而勾起一部分人们的兴趣，以主动探索更多信息，其中一部分兴趣进一步形成有意义的结果，即初步的行动欲望；最后，经过综合衡量，转化为行动。

5.1.3 研究建构和研究问题

研究结合行为干预阶梯和眼动实验,分"环境暴露—注意—兴趣—欲望和行动"四步来检验视觉注意对健康行为活动决策的影响（图5-1）。

第一步,在不同环境中,相关信息的呈现强度如何?

第二步,在具体行为场景下（生活设施使用、绿地游憩、步行）,哪些环境信息能够率先引起人们的共同注意?

第三步,在引发注意后,人们是否对这些环境信息产生兴趣偏好?

第四步,人们的兴趣偏好差异又是如何影响了最后的健康行为活动决策?

其中,前面三步通过眼动数据来检验,第四步将眼动结果结合行为选择来检验。

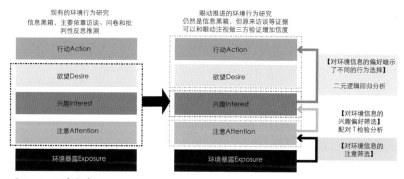

图 5-1 研究框架

图片来源：金伊婕绘制

5.1.4　实验设计

5.1.4.1　实验场景与任务设计

基于以上研究问题，探讨三道街这一生活性街道上常见的健康活动及其影响机制，如步行、生活设施使用和街旁绿地游憩。

实验 1 场景是以生活设施使用（咖啡馆）和步行为主要内容的生活性街道场景，过密的乔灌草绿化带遮挡了对街的生活设施，进而影响了人们使用设施和步行的频率。为了考察绿化改造对健康行为活动的影响，改造后的场景降低了绿化带的底层灌木，调整为乔草形式。

实验 2 场景是以绿地游憩和步行为主要内容的生活性街道场景。尽管内向型的绿化布局（硬质活动场地靠内布置）的绿视率不低，但是人们很难注意并进入使用这块场地。为了考察绿化布局对健康行为活动的影响，设计了开放型的绿化布局，对街旁绿地的使用感受和进入方便程度进行权衡。

根据实验 1 和 2 的主要行为任务考察及改造情况，进一步设计了典型行为场景。实验图片（图 5-2）均为 120° 视域和 1.6 米视线高度的人行视角，色彩分辨率保持一致，宽 1920 像素，高 1080 像素，位深度 24，分辨率 96 像素／英寸。

5.1.4.2　实验的控制与测量指标选取

基于行为干预阶梯理论，眼动支持下的行为实验测量指标分为三个部分。在控制了环境暴露中的绿化水平之后，分别对注意、兴趣、欲望和行动进行测量。

环境暴露。在环境暴露测量部分，主要运用绿地率和绿视率这两个指标来控制环境中的自然接触程度。在三道街改造中，实验重点选取了街道的透绿程度和绿化布局两个设计要点及典型段行为场景。保

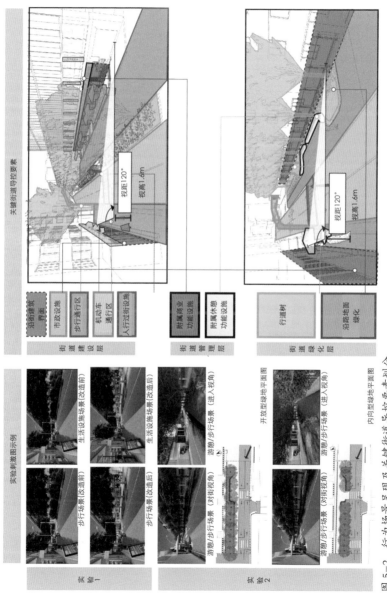

图 5-2　行为场景呈现及关键街道导控要素划分

图片来源：全伊婕绘制

证典型段行为场景的绿地率相同的情况下，操纵不同程度的绿视率。进一步对实验典型段行为场景图片进行检验，通过 Photoshop 图像处理软件计算绿化选区的像素点，得到实验 1 和实验 2 的绿视率水平。在实验 1 中，改造前的绿视率为 33.52%，改造后为 26.96%；在实验 2 中，内向型布局的绿视率为 33.41%，开放型布局绿视率为 28.90%。

注意。为了考察注意力分布情况，实验选取首次注视时间（entry time [ms]）作为眼动测量指标。首次注视特定目标兴趣区的时间越长，表明该兴趣区越具有视觉显著性[60]。视觉显著性带来了更多的关注，从中推动产生兴趣偏好[61]。实验通过控制自然接触的水平，间接操纵了人们对行为决策相关的目标环境信息关注[62]，如生活设施使用场景中的咖啡馆。

兴趣。在决策过程中，运用总注视时间指标测量人们对街道信息的兴趣偏好分布。总注视时间越长，表明人们不仅注意到了该环境信息，并且产生了进一步探索的兴趣[60, 63]。

欲望和行动。欲望和行动通过问卷形式进行测量，如"请问您想去街道的左边还是右边散步？"被选择的街道一侧是形成偏好最多的空间[60]，也是符合实验操纵的预期判断。

5.1.5　实验数据的采集与分析
5.1.5.1　被试选择
被试由研究人员在学校和社区招募，考量了年龄和性别的均衡分布以及裸眼视力屈光度 600 度以内的限制，共招募到 90 人，包括社区居民 46 人和在读大学生 44 人。

5.1.5.2 实验采集流程

实验采集分为前、中、后三个环节（图 5–3）。实验前，进行眼动仪校准和基本实验背景介绍，播放"这是您家附近的一条街道"提示语及无关的街道图片，以便被试了解基本实验背景及模拟场景。正式的眼动实验分为实验 1 和实验 2 两个部分，分别有 3 个环节——自由观看、步行决策和生活设施使用（绿地游憩）决策。其中，两次行为决策之间播放 5 秒的空白页幻灯片，以避免前后的注视干扰。实验结束后，安排被试填写问卷并发放酬金，整体实验时长约在 20 分钟左右。实验使用的设备是戴尔（DELL）显示器和 SMI–REDn 桌面式眼动仪，采样频率为 60 Hz。

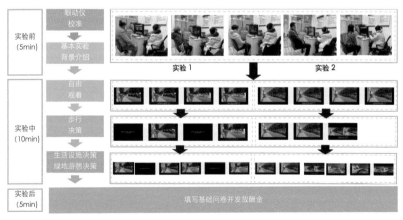

图 5–3　实验流程示意图
图片来源：金伊婕绘制

5.1.5.3　实验数据分析

环境暴露—注意—兴趣分析。从街道空间设计的角度，划分注意和兴趣阶段的兴趣区，以锁定关键街道导控要素。根据成都[26]、上海[25]以及其他一些城市[64]的导则进行关键街道导控要素分类，主要分为三大层面——街道建设层、管理层和绿化层，九个要素——沿街建筑界面、市政设施、步行通行区、机动车通行区、人行过街设施、附属商业功能设施、附属休憩功能设施、行道树和沿路地面绿化。其中沿街建筑界面指的是底层商店及住宅立面；附属商业功能设施指的是外摆区、广告标识牌、避雨棚、店招等设施；附属休憩功能设施指的是街道家具、座椅等设施。为了从不同暴露程度的街道导控要素中，识别视觉显著和偏好的关键要素，对首次注视时间和总注视时间数据进行归一化处理。进一步辨别改造前后注意和兴趣之间的差异，并使用SPSS 软件进行配对 T 检验[65]。

兴趣影响的行为决策分析。从兴趣偏好到行为决策分析，为了进一步考察多因素兴趣偏好差异如何影响二元决策，因此选用二元逻辑回归分析。逻辑回归方法适用于响应变量为分类数据的统计分析，在研究街道行为和环境特征之间关系的领域多有运用[66]。此外，进一步运用二元逻辑分析对不同行为类型下的眼动注视情况进行分析，寻找它们之间的注视异同和行为影响要素异同。

此外，口头汇报的行为决策结果及原因补充了眼动证据，运用NVIVO 软件进行主题分析和词频分析，并对行为决策结果进行 T 检验分析。

5.2　研究结果

5.2.1　被试统计人口学特征

以采样率 ≥ 60 Hz、眼动捕捉率 ≥ 50% 为条件进行数据有效性筛选，得到最终有效被试为 80 人，包含 40 名在读学生和 40 名该社区居民。被试的眼动捕捉率范围为 61.5%~100%（AVG=89.2% ± 10.5），其中男女比例为 1 : 1.4，平均年龄在 36.2 ± 16.7 岁，具有专业背景（指工作或学习背景与规划、景观、建筑相关）的为 22 人。

5.2.2　实验场景 1：生活设施街道

在实验 1 的生活设施行为决策环节中，通过咖啡馆选择任务来考察人们在决策过程中的环境注意力分布，并探索影响决策结果的关键街道要素及其发生机制。

5.2.2.1　生活设施街道的设施使用

设施的行为决策结果显示，仅修整部分沿路地面绿化后，人们更愿意过街去使用生活服务设施（咖啡馆 E、F、G、H），改造后选择对街生活服务设施的比例从 26.25% 提升到了 78.75%（图 5-4）。对同一被试在改造前后的决策结果进行配对 T 检验，发现其行为决策结果统计显著（t=8.53，$p<0.001$）。通过卡方检验证明，学生和居民之间的决策结果不存在差异（p=0.527），也就是说改造对两个群体的影响是等效的。

在环境暴露—注意—兴趣的过程中（图 5-5），人们会从空间中主动搜寻与目标任务相关的区域。附属商业功能设施、沿街建筑界面、行道树这些区域引起了人们的兴趣。降低绿化遮挡的改造措施，有可

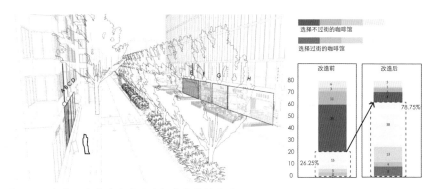

图 5-4　实验 1 改造前后的设施行为决策结果图
图片来源：金伊婕绘制

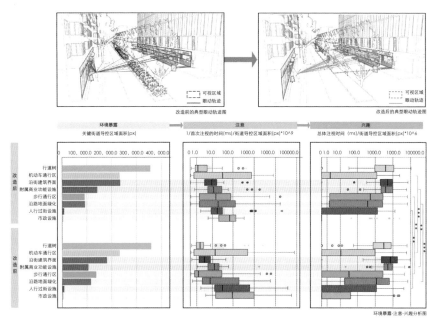

图 5-5　行为决策中的环境暴露—注意—兴趣过程
图片来源：金伊婕绘制

能诱发人们过街使用生活设施的行动欲望。

环境暴露。在街道环境中，各个区域的暴露机会是不均等的。无论在改造前还是在改造后的行为决策场景中，行道树（M=352296.19）在人视野中画面占比都是最高的，其次是步行通行区（M=112717.70）和沿街建筑界面（M=204971.88）。

注意。控制了环境暴露程度的影响后，人们优先注意到了机动车通行区（M=1695.57，SD=8433.71）、人行过街设施（M=2912.14，SD=7767.75）和市政设施（M=2754.60，SD=9845.86）。进一步进行配对 T 检验发现，改造前后，人们的注意情况并没有发生显著变化（p>0.05）。

兴趣。尽管上述区域更容易被注意到，但人们最感兴趣的区域是附属商业功能设施（M=7552.34，SD=5584.20）、沿街建筑界面（M=6878.48，SD=5657.29）、行道树（M=3475.75，SD=4257.65）。同样控制环境暴露程度的影响后，附属商业功能设施（M=69570.32，SD=54345.34）依然是人们最感兴趣的区域。

进一步考察改造前后的兴趣差异。结果表明，改造后，人们对机动车通行区（p<0.001）和步行通行区（p<0.001）的兴趣显著提升了，但是对附属商业功能设施（p=0.003）、人行过街设施（p=0.001）、沿路地面绿化（p=0.005）的兴趣有所降低。这可能意味着，改造后对街的视野打开了，人们开始探索过街使用生活设施的途径。

为了进一步理解环境兴趣分布对行为决策的影响，并锁定影响行为的关键街道导控要素，将设施行为决策结果作为因变量，各个街道要素的总眼动注视时间、改造情况作为自变量，建立二元逻辑回归模型。通过假设检验，所有自变量的回归模型都是显著的（p<0.001），

而且拟合程度良好，说明对设施行为决策结果具有很好的解释性。

分析结果表明：降低绿化遮挡的改造措施，对于过街使用生活服务设施的影响非常大（OR=35.85，p<0.001）。

更重要的是，无论改造前后，对沿路地面绿化（OR=1.000431，p=0.001）和行道树（OR=1.000134，p=0.014）的注视，显著影响了人们最终过不过街的行为选择（表5-1）。当人们注视沿路地面绿化和行道树越多，越倾向于过街使用设施。而其他要素，如沿街建筑界面（OR=1.000046，p=0.399）、附属商业功能设施（OR=0.999950，

表5-1 设施行为决策影响要素的二元逻辑回归分析

	B	显著性	EXP（B）	EXP（B）的95%置信区间	
				下限	上限
步行通行区	0.000	0.084	0.999568	0.999	1.000
附属商业功能设施	0.000	0.372	0.999950	1.000	1.000
机动车通行区	0.000	0.673	1.000120	1.000	1.001
人行过街设施	0.001	0.234	0.999317	0.998	1.000
市政设施	0.001	0.373	0.999284	0.998	1.001
行道树	0.000	0.014*	1.000134	1.000	1.000
沿街建筑界面	0.000	0.399	1.000046	1.000	1.000
沿路地面绿化	0.000	0.001***	1.000430	1.000	1.001
分组（改造前=0，改造后=1）（1）	3.579	0.000***	35.850816	11.595	110.843
人群类型（学生=0，居民=1）（1）	0.044	0.924	0.957146	0.390	2.349
常量	2.505	0.000	0.081689		

注：* 代表 p<0.05，*** 代表 p<0.001。

p=0.372）、步行通行区（OR=0.999568，p=0.084）等，都没有对行为决策产生影响。

结合口头报告和眼动轨迹变化（图 5-5）发现，改造前绿化带主要遮挡了对街的沿街建筑界面、附属商业功能设施、步行通行区等区域。视线遮挡减弱了人们对对街可进入性和优势条件的感知，例如可以休息的外摆空间（18/80，指 80 位被试中有 18 位在口头解释选择原因时明确指出该影响因素，后同）、空间宽敞（10/80）、氛围热闹（9/80）、店面大（9/80）等。因此降低了健康行为——过街使用生活服务设施的决策意愿。

5.2.2.2　生活设施街道的步行使用

为了比较不同行为决策场景中被试对要素的关注是否存在差异，在是否使用对街生活服务设施的基础上，增加了是否选择过街步行的决策任务。

决策结果显示，步行与生活服务设施的决策结果类似，改造后更多的被试愿意过街步行，比例从 35% 提升到了 85%。以改造前后的平均总注视时间为依据，比较不同行为类型下关注要素的异同。结果发现，相较于设施行为决策中的环境注意力分布，步行决策关注沿路地面绿化（M=2619.26，SD=2829.47）、沿街建筑界面（M=2592.41，SD=3213.33）、附属商业功能设施（M=2471.52，SD=2647.05）最多，而较少关注行道树（M=1785.52，SD=2065.33）。

为了辨别影响生活设施使用和步行决策的街道要素异同，进行二元逻辑回归分析。确定了行为决策结果为因变量，行为类型、改造情况、各个街道要素的总眼动注视时间为自变量。通过假设检验，所有自变量的回归模型都是显著的（p<0.001），但拟合程度优度低（p<0.05），

说明模型总体有意义但解释性一般。

结果显示,设施使用和步行决策过程中,改造情况(OR=14.950845,p<0.001)、沿路地面绿化（OR=1.000162, p<0.01）存在显著影响,而行为类型（OR=0.579933, p>0.05）对决策结果的影响不显著。

也就是说,在步行和设施使用的决策中,沿路地面绿化都是重要的影响要素。结合口头报告可以解释为,人们在步行决策中重视行走安全和围合边界,在设施使用中则重视可休息的外摆空间及使用氛围。街道底层绿化空间既在步行任务下充当着街道边界的作用,也在设施任务下作为界窗引导视线,因此保持其视线通透性有助于促进步行和设施使用。

5.2.3 实验场景 2：街旁绿地

5.2.3.1 街旁绿地的游憩使用

在实验 2 的绿地游憩选择环节中,通过内向型和开放型绿地布局的任务来考察人们在决策过程中的环境注意力、兴趣分布,并探索影响游憩决策结果的关键街道要素及其发生机制。

游憩的行为决策结果显示（图 5-6）,如果被试已经进入绿地,他们并没那么喜欢在外向型绿地中进行乘凉等一系列休闲游憩活动（占比 47.50%）。但如果被试处在对街还没有进入的时候,这种偏好就反转了,他们会更愿意选择开放型绿地（占比 68.75%）。对同一被试在两种视角下的决策结果进行配对 T 检验,发现其决策偏好在统计上显著（t=3.49, p=0.001）。通过卡方检验证明,学生和居民之间的决策结果不存在差异（Chi sq=0.802[a], p=0.370）。

在环境暴露—注意—兴趣的过程中（图 5-7）,未进入场地时,

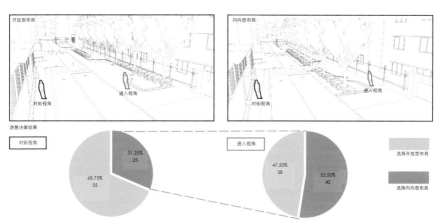

图 5-6　实验 2 不同视角下的游憩行为决策结果

图片来源：金伊婕绘制

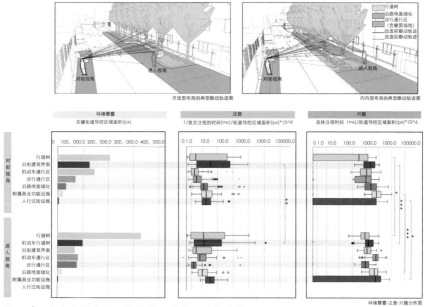

图 5-7　行为决策中的环境暴露—注意—兴趣过程

图片来源：金伊婕绘制

人们对附属休憩功能设施这类画面占比不高的区域非常感兴趣，这可能意味着人们在探索不同布局的休憩可能性。因此，开放型绿地布局增加了休憩设施的视觉可达性，可能诱发人们进入绿地游憩的意愿，这对提高主观意愿上的绿地使用频次、增强健康效益有重要影响。

环境暴露。不同视角看待街道环境，各个区域的暴露机会是不均等的。但在对街和进入视角的行为决策场景中，行道树（M=267822.95）在人视野中画面占比都是最高的，其次是沿街建筑界面（M=111783.98）和机动车通行区（M=106511.65）。

注意。控制了环境暴露程度的影响后，人们优先注意到了人行过街设施（M=5247.86，SD=34448.83）、沿街建筑界面（M=1556.91，SD=9972.14）。进一步进行配对 T 检验发现，从对街到进入视角，人们对沿街建筑界面（$p < 0.01$）的注意显著下降了。

兴趣。除了已经注意到的沿街建筑界面（M=3236.42，SD=3408.90），人们进一步对步行通行区（M=3722.85，SD=5000.20）、行道树（M=3263.88，SD=4278.66）产生了兴趣。同样控制环境暴露程度的影响后，对比步行通行区，附属休憩功能设施（M=88615.65，SD=113001.18）和人行过街设施（M=82090.53，SD=134824.45）尽管画面占比小，但也吸引了很多的兴趣。

进一步考察了不同视角下的兴趣差异。结果发现，相较于进入视角，人们在对街视角对附属休憩功能设施（$p < 0.001$）的兴趣显著上升，而对步行通行区（p=0.033）、人行过街设施（p=0.033）、沿街建筑界面（$p < 0.001$）和行道树（p=0.012）的兴趣显著下降了。这可能意味着，在施加游憩场地可达性的考量时，人们可能对休憩可能性更感兴趣。

为了进一步锁定影响游憩行为决策结果的关键性街道要素，并理解环境注意力对行为决策的影响，对其进行二元逻辑回归分析。将游憩行为决策结果作为因变量，各个街道要素的总注视时间、视角类型作为自变量，建立二元逻辑回归模型。

结果显示，一方面控制了视角变量之后，人们对沿路地面绿化（OR=0.999716，p=0.038）的注视越多，越愿意去开放型绿地。另一方面，相对于对街视角，进入视角选择开放型布局的可能性大大降低（OR=0.381412，p=0.032）（表5–2）。

表 5-2　游憩行为决策影响要素的二元逻辑回归分析

	B	显著性	EXP（B）	EXP（B）的95%置信区间	
				下限	上限
视角（对街=0，进入=1）（1）	−0.964	0.032*	0.381412	0.158	0.920
人群类型（0=0，1=1）（1）	0.634	0.072	1.884619	0.945	3.760
沿街建筑界面	0.000	0.256	1.000073	1.000	1.000
行道树	0.000	0.765	0.999987	1.000	1.000
沿路地面绿化	0.000	0.038*	0.999716	0.999	1.000
附属休憩功能设施	0.000	0.800	0.999975	1.000	1.000
机动车通行区	0.000	0.707	1.000029	1.000	1.000
步行通行区	0.000	0.885	1.000006	1.000	1.000
人行过街设施	0.000	0.684	0.999860	0.999	1.001
常量	0.727	0.104	2.068890		

注：* 代表 p<0.05。

结合口头报告可以解释为，人们在对街视角更偏好选择开放型布局的绿地，是因为场地的可进入性较高，主要体现在视线开阔（16/80）、瞭望庇护安全感（10/80）、步行空间宽敞舒适（9/80）和方便的休息座椅（6/80）。而在进入视角，进入性条件不再成为先决条件的时候，人们对绿地及其周边场地本身的品质更为关注，因此对内向型布局绿地的选择比例显著上升了。

尽管在设计师的经验中，红线范围内的空间体验设计是首要的。但是结合以上行为决策及眼动证据发现，视角的转换带来了截然不同的健康行为决策结果，而场地的可进入性成为了人们的先决判断条件。因此，红线范围外的健康行为引导也应受到更多的重视。

5.2.3.2　街旁绿地的步行使用

步行的决策结果与游憩相似，对街视角下，被试倾向于在开放型绿地中步行，占比75.00%。以改造前后的平均总注视时间为指标，比较不同行为类型决策场景下关注要素的异同。结果显示，相比游憩决策关注最多的要素，被试在步行决策中更关注沿街建筑界面（M=4055.29，SD=4141.02）、机动车通行区（M=2649.98，SD=3372.47）和附属休憩功能设施（M=2189.15，SD=2600.50），而对行道树（M=2117.53，SD=3048.55）和步行通行区（M=1225.55，SD=1501.49）的关注降低了。

为了进一步辨别影响游憩和步行两类行为决策结果的街道要素，进行二元逻辑回归分析。确定了行为决策结果为因变量，行为类型、人群类型、各个街道要素的总注视时间为自变量。回归结果显示，行为类型对决策结果的影响在0.05水平内不显著。结合口头报告可以解释为，无论游憩还是步行，人们都关注街边绿地是否具备宽敞舒适的步行空间、林荫感受、方便的休憩设施、开阔的视野以及瞭望庇护带来的安全感。而开放性绿地布局更容易引导人们关注到这些关键信息，因此相对于内向型布局，它在对街视野上更受被试的健康行为决策青睐。

5.3 总结：调整街道绿化干预使用活动的效果

5.3.1 研究结论与建议

如何合理布局生活性街道的绿化，才能平衡健康活动和自然暴露？围绕这一核心问题，本研究通过街道绿化对生活设施使用（买咖啡）、绿地游憩（乘凉聊天）、步行等健康活动的影响展开实验。针对三道街这一具体案例，得出以下结论。

降低绿化遮挡策略在保障较高绿视率水平的前提下，显著促进了设施使用（从 26.25% 到 78.75%）和步行意愿（从 35% 到 85%）。沿路地面绿化（OR=1.000431，p=0.001）和行道树（OR=1.000134，p=0.014）是显著影响活动决策的街道要素。在环境暴露—注意—兴趣的过程中，人们会主动地从空间中搜索与行为任务相关的信息，而绿化遮挡程度影响了人们对这些信息的兴趣产生，从而影响最终的活动决策。以实验 1 的设施使用场景为例，改造前后的注意情况并不存在显著差异。但是在兴趣阶段，人们会更偏好关注与活动直接相关的附属商业功能设施（M=7552.34，SD=5584.20）、沿街建筑界面（M=6878.48，SD=5657.29）、行道树（M=3475.75，SD=4257.65）等要素。同时，改造后绿化的遮挡程度降低，人们对步行通行区

（p<0.001）、机动车通行区（p<0.001）的兴趣提升。这也说明绿化遮挡程度的降低，促使人们开始探索设施使用的可能性。

调整绿化布局策略同样促进了绿地游憩（从 47.50% 到 68.75%）和步行意愿（从 25% 到 75%）。沿路地面绿化（OR=0.999716，p=0.038）是显著影响活动决策的街道要素。以实验 2 的绿地游憩场景为例，当通过布局调整施加绿地可进入性的前提考量时，人们对附属休憩设施（M=88615.65，SD=113001.18）的兴趣，影响了最终的游憩决策。而沿路地面绿化直接影响了这一关键要素的视觉可达性。因此，在绿地率持平时，尽管内向型绿地具有更高的绿视率（33.41%），但是它在对街视角的步行意愿（25%）和绿地游憩意愿（31.25%）反而更低。同样地，步行活动决策也支持以上行为和眼动证据。

那么街道绿化布置应当遵循哪些准则？这里提出以下几点建议：

（1）街道增绿时，不能单一考虑绿视率的高低，应谨慎考量绿化设计与活动之间的关系，尤其要避免底层灌木对活动关键区域造成视线遮挡 [43, 67]。绿化带设计既需要构建街道窗口，设置必要的"留白区"控制林冠分支点修剪高度来展露沿街建筑界面、附属商业功能设施等关键要素。

（2）从街道实际健康效益的角度考虑，不仅应考虑空间本身的健康感受效益，还必须考虑健康活动频率的重要性。绿化设计需要平衡绿视率与场地布局可进入性 [22]，从而提升步行和游憩行为的发生可能。

5.3.2　研究局限性及展望

本研究通过搭建典型生活性街道场景，结合眼动追踪工具与行为干预阶梯进行具身循证研究。一方面，支持了活动影响的街道要素精准测度及其机制探讨；另一方面，在维持较高绿化水平的同时，采用最小投入的街道绿化微更新，能够促进特定健康活动的主观意愿最大化，兼具研究创新性与实践价值。

但是作为单案例的循证设计研究，对其他类型街道的改造实践价值仍然有限。一方面未来需要补充更丰富的街道样本，另一方面仍需进一步系统性论述生活性街道的健康行为。此外，场景照片桌面实验尽管能够更好地控制干扰因素，但损失了一定的街道的真实空间感受，未来或许可以通过头戴式眼动、VR 等实验工具进一步完善。

参考文献

[1] 张文忠, 何炬, 谌丽. 面向高质量发展的中国城市体检方法体系探讨 [J]. 地理科学, 2021, 41(01): 1–12.

[2] 陈奕言, 聂煊城, 陈筝. 户外健康环境综合文献图景研究 [J]. 风景园林, 2021, 28(08): 87–93.

[3] 周珂, 陈奕言, 陈筝. 健康导向的城市绿色开放空间供给 [J]. 西部人居环境学刊, 2021, 36(02): 11–22.

[4] 王兰, 廖舒文, 赵晓菁. 健康城市规划路径与要素辨析 [J]. 国际城市规划, 2016, 31(04): 4–9.

[5] ULRICH R S. View through a window may influence recovery[J]. Science, 1984, 224(4647): 224–225.

[6] TAYLOR A F, KUO F E, SPENCER C, et al. Is contact with nature important for healthy child development? State of the evidence[M]. Cambridge: Children and their environments: Learning, using and designing spaces, 2006.

[7] MATSUOKA R. High school landscapes and student performance[D]. Ann Arbor: University of Michigan, 2008.

[8] MAAS J, VERHEIJ R A, GROENEWEGEN P P, et al. Green space, urbanity, and health: how strong is the relation?[J]. Journal of Epidemiology and Community Health, 2006, 60(07): 587–592.

[9] MAAS J, VERHEIJ R A, DE VRIES S, et al. Morbidity is related to a green living environment[J]. Journal of Epidemiology and Community Health, 2009, 63(12): 967–973.

[10] SARKAR C, WEBSTER C, GALLACHER J. Residential greenness and prevalence of major depressive disorders: a cross–sectional, observational, associational study of 94 879 adult UK Biobank participants[J]. The Lancet Planetary Health, 2018, 2(04): e162–e173.

[11] 杨秀，王劲峰，类延辉，等.城市层面建成环境要素影响肺癌发病水平的关系探析：以 126 个地级市数据为例 [J]. 城市发展研究 , 2019, 26(07): 81–89.

[12] SALLIS J F, BULL F, BURDETT R, et al. Use of science to guide city planning policy and practice: how to achieve healthy and sustainable future cities[J]. The Lancet, 2016, 388(10062): 2936–2947.

[13] STEVENSON M, THOMPSON J, DE Sá T H, et al. Land use, transport, and population health: estimating the health benefits of compact cities[J]. The Lancet, 2016, 388(10062): 2925–2935.

[14] GILES–CORTI B, VERNEZ–MOUDON A, REIS R, et al. City planning and population health: a global challenge[J]. The Lancet, 2016, 388(10062): 2912–2924.

[15] AFSHIN A, SUR P J, FAY K A, et al. Health effects of dietary risks in 195 countries, 1990–2017: a systematic analysis for the global burden of disease study 2017[J]. The Lancet, 2019, 393(10184): 1958–1972.

[16] ZENK S N, SCHULZ A J, MATTHEWS S A, et al. Activity space environment and dietary and physical activity behaviors: a pilot study[J]. Health & place, 2011, 17(05): 1150–1161.

[17] VAN HEESWIJCK T, PAQUET C, KESTENS Y, et al. Differences in associations between active transportation and built environmental exposures when expressed using different components of individual activity spaces[J]. Health & place, 2015, 33: 195–202.

[18] TROPED P J, WILSON J S, MATTHEWS C E, et al. The built environment and location-based physical activity[J]. American journal of preventive medicine, 2010, 38(04): 429–438.

[19] JANSEN F, ETTEMA D F, KAMPHUIS C B, et al. How do type and size of natural environments relate to physical activity behavior?[J]. Health & place, 2017, 46: 73–81.

[20] SHUVO F K, MAZUMDAR S, LABIB S. Walkability and greenness do not walk together: investigating associations between greenness and walkability in a large metropolitan city context[J]. International journal of environmental research and public health, 2021, 18(09): 4429.

[21] 周扬，钱才云，魏子雄.居住街区街道空间友好性评价研究——基于居民主观测度视角 [J]. 南方建筑 , 2022 (04): 69–77.

[22] 潘海啸，崔丽娜.以保持地区活力为导向的街道功能设计研究——以上海苏家屯路改造为例 [C]// 转型与重构——2011 中国城市规划年会论文集 , 2011: 5495–5505.

[23] 何琳娜.现代步行商业街区界面空间设计研究 [D]. 西安 : 西安建筑科技大学 , 2021.

[24] LI D, DEAL B, ZHOU X, et al. Moving beyond the neighborhood: daily exposure to nature and adolescents' mood[J]. Landscape and Urban Planning, 2018, 173: 33–43.

[25] 上海市规划和国土资源管理局，上海市交通委员会，上海市城市规划设计研究院 . 上海市街道设计导则 [M]. 上海 : 同济大学出版社 , 2016.

[26] 成都市规划和自然资源局，成都市规划设计研究院，成都市天府公园城市研究院，等.成都市公园城市街道一体化设计导则 [M]. 成都 : 成都市规划和自然资源局 , 2019.

[27] 北京市规划和自然资源委员会.北京街道更新治理城市设计导则 [EB/OL].(2021–06–23)[2022–09–30].http: //ghzrzyw.beijing.gov.cn/biaozhunguanli/bz/cxgh/202106/t20210623_2419742.html.

[28] MCEACHAN R, TAYLOR N, HARRISON R, et al. Meta-analysis of the reasoned action approach (RAA) to understanding health behaviors[J]. Annals of Behavioral Medicine, 2016, 50(04): 592–612.

[29] SARKAR C, WEBSTER C, PRYOR M, et al. Exploring associations between urban green, street design and walking: results from the greater London boroughs[J]. Landscape and Urban Planning, 2015, 143: 112–125.

[30] VICH G, MARQUET O, MIRALLES-GUASCH C. Green streetscape and walking: exploring active mobility patterns in dense and compact cities[J]. Journal of Transport & Health, 2019, 12: 50–59.

[31] 余洋，唐晓婷，刘俊环，等.基于手机健身数据的城市街道健康服务功能研究 [J]. 风景园林 , 2018, 25(08): 18–23.

[32] SOGA M, YAMANOI T, TSUCHIYA K, et al. What are the drivers of and barriers to

children's direct experiences of nature?[J]. Landscape and Urban Planning, 2018, 180: 114–120.

[33] KEMPERMAN A, TIMMERMANS H. Green spaces in the direct living environment and social contacts of the aging population[J]. Landscape and Urban Planning, 2014, 129: 44–54.

[34] BROYLES S T, MOWEN A J, THEALL K P, et al. Integrating social capital into a park-use and active-living framework[J]. American Journal of Preventive Medicine, 2011, 40(05): 522–529.

[35] GEHL J. Life between buildings[M]. New York: Van Nostrand Reinhold, 1987.

[36] MAAS J, VAN DILLEN S M E, VERHEIJ R A, et al. Social contacts as a possible mechanism behind the relation between green space and health[J]. Health & Place, 2009, 15(02): 586–595.

[37] 庄菂旎，陈丹，车生泉. 城市居住环境植物景观特征对老年群体社交行为影响研究——以上海虹口区为例 [J]. 中国园林，2021, 37(10): 83–88.

[38] 张庆. 体力活动视角下的城市老旧社区公共空间景观微更新研究 [D]. 郑州：河南农业大学，2021.

[39] 蒋雨芊. 生活性街道建成环境对社会交往活动的影响研究 [D]. 哈尔滨：哈尔滨工业大学，2020.

[40] GALLAGHER M R. 追求精细化的街道设计——《伦敦街道设计导则》解读 [J]. 王紫瑜，编译. 城市交通，2015, 13(04): 56–64.

[41] 李悦，林广思. 城市绿地健康行为开展中的"动力—阻碍"关系研究 [J]. 风景园林，2022, 29(05): 68–74.

[42] NASSAUER J I. Messy ecosystems, orderly frames[J]. Landscape Journal, 1995, 14(2): 161–170.

[43] 徐磊青，孟若希，陈筝. 迷人的街道：建筑界面与绿视率的影响 [J]. 风景园林，2017(10): 27–33.

[44] 吴立蕾，王云. 城市道路绿视率及其影响因素——以张家港市西城区道路绿地为例 [J]. 上海交通大学学报 (农业科学版)，2009, 27(03): 267–271.

[45] 方智果，贺丽洁，章丹音. 基于多源数据分析的上海街道空间宜人性测度与影响因素识别 [J]. 新建筑，2021(05): 142–147.

[46] 李智轩，何仲禹，张一鸣，等. 绿色环境暴露对居民心理健康的影响研究——以南京为例 [J]. 地理科学进展，2020, 39(05): 779–791.

[47] CJJ 75-1997, 城市道路绿化规划与设计规范 [S]. 中国城市规划设计研究院 , 上海市园林设计院 , 南京市园林规划设计院 , 行业标准—城建 , 1997.

[48] HELBICH M, YAO Y, LIU Y, et al. Using deep learning to examine street view green and blue spaces and their associations with geriatric depression in Beijing, China[J]. Environment International, 2019, 126: 107-117.

[49] 关芄 . 基于健康行为导向的小型公共绿地建成环境要素与优化策略探究 [D]. 南京 : 东南大学 , 2020.

[50] SIMPSON J, FREETH M, SIMPSON K J, et al. Visual engagement with urban street edges: insights using mobile eye-tracking[J]. Journal of Urbanism: International Research on Placemaking and Urban Sustainability, 2019, 12(03): 259-278.

[51] 王飒 , 李奕昂 . 中国古典园林造景手法的眼动实验研究——景深与景框 [J]. 新建筑 , 2018(03): 15-19.

[52] THALER R H, SUNSTEIN C. Nudge: improving decisions about health, wealth, and happiness[M]. New York: Penguin, 2008.

[53] KAHNEMAN D, TVERSKY A. Judgment under uncertainty: heuristics and biases[J]. Science, 1974, 185(4157): 1124-1131.

[54] KERR J, CARLSON J A, SALLIS J F, et al. Assessing health-related resources in senior living residences[J]. Journal of Aging Studies, 2011, 25(03): 206-214.

[55] 施澄 , 袁琦 , 潘海啸 , 等 . 街道空间步行适宜性测度与设计导控——以上海静安寺片区为例 [J]. 上海城市规划 , 2020(05): 71-79.

[56] 赵莹 , 梁锦鹏 , 颜力祺 , 等 . 标识设置对游客寻路行为的影响研究——基于眼动追踪的实验分析 [J]. 旅游学刊 , 2020, 35(09): 63-73.

[57] LI Z, SUN X, ZHAO S, et al. Integrating eye-movement analysis and the semantic differential method to analyze the visual effect of a traditional commercial block in Hefei, China[J]. Frontiers of Architectural Research, 2021, 10(02): 317-331.

[58] HARTMANN P, APAOLAZA V, ALIJA P. Nature imagery in advertising[J]. International Journal of Advertising, 2013, 32(02): 183-210.

[59] BARRY T E. The development of the hierarchy of effects: an historical perspective[J]. Current issues and Research in Advertising, 1987, 10(1-2): 251-295.

[60] VAN DER LAAN L N, HOOGE I T C, DE RIDDER D T D, et al. Do you like what you see? The role of first fixation and total fixation duration in consumer choice[J]. Food Quality and Preference, 2015, 39: 46-55.

[61] LOHSE G L. Consumer eye movement patterns on yellow pages advertising[J]. Journal of Advertising, 1997, 26(01): 61–73.

[62] MILOSAVLJEVIC M, NAVALPAKKAM V, KOCH C, et al. Relative visual saliency differences induce sizable bias in consumer choice[J]. Journal of Consumer Psychology, 2012, 22(01): 67–74.

[63] 杨海波，段海军.MP3 播放器外观设计效果的眼动评估 [J]. 心理与行为研究，2005(03): 199–204.

[64] 上海市城市规划设计研究院. 街道设计指南 [M]. 上海：中国城市规划学会，2020.

[65] 张露，郭晴.低碳农产品消费行为：影响因素与组间差异[J].中国人口•资源与环境，2014, 24(12): 55–61.

[66] 陈泳，赵杏花.基于步行者视角的街道底层界面研究——以上海市淮海路为例 [J]. 城市规划，2014, 38(06): 24–31.

[67] JIANG B, CHANG C-Y, SULLIVAN W C. A dose of nature: tree cover, stress reduction, and gender differences[J]. Landscape and Urban Planning, 2014, 132: 26–36.

第6章　睦邻友好街道的界面推敲：
上海沪太支路

　　老城区的背街小巷是城市的毛细血管，空间虽小且利益相关者众多，却与居民的日常生活联系甚密。如何有效协同公共空间的安全性和私有空间的私密性成为在地居民日渐重视的议题，而两者之间的有机平衡对于改善小巷周边邻里关系有着重要的作用。

　　为提升街道活力和"民生三感"[1]，上海静安区自2018年起开展"美丽街区"精细化更新行动，全面改善步行环境品质。为此，同济规划院城景所长期扎根静安区彭浦镇，先后更新改造了25条街道。其中沪太支路615弄是最先启动的背街小巷更新试点之一。它位于彭浦镇科创主题街坊片区内，西接沪太支路西部的科创园，东至高平路连接永和生活片区，是周边居民日常必经的一条小路。然而，现状却是人车混行的停车小巷，接近70%的空间界面为小区围墙。特别是北侧围墙即是院墙，墙内外仅靠铁栅栏相隔，存在墙外公共空间和墙内院落半私密空间之间的诸多矛盾，如行人乱弃物，行人和住户希望观看他人活动和院内部分活动需一定私密，路侧停车场噪声干扰等，使得路侧利益待协同成为首要解决的问题。

1　"民生三感"是指人民群众的获得感、幸福感、安全感。

设计团队经过现场调研后，充分考虑了外部小巷步行者的安全、趣味、亲自然需求和内部庭院使用者的私密性及舒适性需求，依托北侧围墙增设一条 1 米宽的高低错落的绿篱带和一条 1.2 米宽沿路间隔布置座椅的漫步带。为进一步探索如何通过设计轻介入提升墙内外不同使用者的体验感受，最大化满足墙内底层院落居民和墙外步行者之间的多元需求，环境智能健康设计分实验中心和同济规划院城景所合作，利用可感知、可测量的眼动追踪技术协助推敲绿墙方案。研究者通过调整沿墙绿篱的不同高度组合，设计了基于虚拟场景眼动监测的绿景方案感知实验，希望为设计的精细化、精准化决策提供更多证据支持。

6.1 实验背景和研究设计

6.1.1 实验背景

在城市生活中，邻里交往能够为社区提供更多的社会支持，提供健康福祉。"十四五"规划纲要中明确提出了"全面推进健康中国建设"的要求，营造健康安全的人居环境是当前城市建设者的重要目标和使命。如何在保障并促进城市功能的前提下，改善城市空间品质，提升自然接触，促进积极社交和体育运动对于提升城市居民健康水平有着重要作用 [1-5]。其中，通过改善公共空间促进社会交往能有效促进居民心理健康 [2, 4]。从心理学角度看，交往是个体与他人建立的情感依托关系，人们把交往作为缓解自身孤独感和痛苦感的途径 [5]。从社会学角度看，交往是世界上最基本的四种行为之一，包括个人与他人在精神层面的交互，属于人类本质的内在需求 [6]。虽然随着科技进步、通信方式的变化，人们的交流方式也发生了重大改变，但是人们之间面对面的交流依然是无可取代的 [7]。通过使用绿色户外公共空间增加社会交往，达到增强社区的社会联系和社区意识的目的，同时有助于减少个体孤独感和提供更多社会支持 [8]。郜佳 [9]、邢小玉 [10]、张应阳 [11]、方祎 [12] 等人的研究为社会交往对健康的促进提供了一系列证据。

街道，特别是临近社区的城市街道，在促进邻里交往和积极的社会关系中起到了重要的作用。大部分社区居民对邻里交往具有强烈意愿，但交往空间不合理的尺度和单一的功能难以满足居民的交往需求 [13]。社区道路作为社区重要的开放空间，具有使用率高、所占社区用地比例大、渗透性强等特点，是弹性交往空间的一个重要组成部分 [14]。邻里院落的绿地 [20]、毗邻居住区的城市道路 [14]、内部道路 [21] 都是承载邻里交往活动的重要空间载体。街道空间的空间形态、空间界面和节点，对于促进社交活动有着重要作用 [22]。改善街道空间中的设施，如休憩设施、植物绿化、交通安全设施、地面铺装，能有效地提升街道使用和交往行为 [14]。

街道的边界空间是最能促进社会活动的重要空间形态，是建立积极社交实现社会性恢复的重要途径之一。结合社会学和城市设计，凯文·思韦茨（Kevin Thwaites）等提出了"社会恢复性城市主义"（socially restorative urbanism）的概念 [7]，认为人本活动是空间设计的核心，为此应该从社会意义上来定义城市空间，提出了"过渡性边缘"（transitional edges）、"街道边缘"（street edges）等一系列对社会活动有重要意义的关键空间 [7,8]，指出空间尤其是街道空间的边界面，拥有着分隔、连接不同领域空间以及街道空间的边界等多重属性，最能够激发自发式社会交往，对促进积极社交、增强街道社会活力具有重要作用。街道界面则是限定不同领域层次的重要街道要素。思韦茨和同事进一步指出，可以通过人们的眼动注视和兴趣来研究街道边缘的这种社会性行为，从而理解空间设计尤其是街道界面对于社会活动的影响 [9, 10]。

　　不同样式的街道界面对于不同空间的居民的邻里交往行为有什么影响？如何通过对街道界面的设计促进睦邻交往行为的发生？为了探索上述问题，我们尝试通过眼动注视数据解释参与者在街道开展睦邻交往和相应健康行为的选择及背后的认知过程。实验在传统的问卷访谈和行为实验基础上，增加了对于参与者在街道界面环境观察认知与行为决策中的眼动追踪。

6.1.2　实验设计

　　实验旨在考察不同开敞度界面对于不同功能空间中的活动影响。

　　一是功能空间。作为公共性的街道空间与私密性的院落空间的连接与分隔，街道界面对于两类空间的居民的睦邻健康行为促进也有着不同的影响。在前期的调研过程中我们发现，经常使用街道的社区居民和居住在临街院落的居民，对于同样的街道界面给出了不同的评价，对于睦邻交往的意愿偏好也在两种居民中表现出显著的差异，甚至在街道界面的打开与否上出现了矛盾的意见。为了全面考察社区居民在半公共和半私密这两类空间下开展不同睦邻交往活动的意愿及其空间偏好，我们分别从街道视角和院落视角开展了实验。

　　二是界面开敞度。我们发现，街道界面绿篱不同遮挡程度影响着社区居民睦邻交往行为的发生。为了探究居民在不同遮挡程度的街道界面对参与者睦邻交往活动的影响及居民对于街道界面遮挡程度的偏好，我们构想了无绿篱遮挡、绿篱半遮挡（30%~80% 遮蔽率）和全绿篱遮挡（100% 遮蔽率）三级街道界面，结合场地现状与实验任务需求，搭建了三级四类街道界面设计样式（无遮挡、半遮挡 1、半遮挡 2、全遮挡），并根据街道视角和院落视角搭建了 8 个基本的实验刺激场景（图 6-1）。场景建模基于 SketchUp 和 Lumion 开展，结合场地实景照片，力图还原真实的街道环境感受。

三是活动。街道界面界定了空间的领域感、私密性、社交距离和拥挤感等诸多方面，这对不同社会交往行为的发生与否和发生程度都有着不同的影响。我们从社会性活动、自发性活动和必要性活动三种户外活动 [19] 入手，分别考察了街道界面对于交谈、休憩、阅览、居住等活动行为的影响。严格意义上本研究考察的社会交往活动是指人与人之间的交谈，但因为社会性活动是由其他两种活动连锁而发生的，所以必须同时关注其他两种性质的户外活动。

6.1.3　数据分析

实验数据主要包含问卷调研数据、行为决策数据以及参与者在进行行为决策时的眼动追踪数据。

问卷调研在实验前进行，分别收集了参与者的基本信息、街道使用情况与街道总体印象。参与者基本情况包括年龄、性别、视力、受教育程度和居住地，街道使用情况包括参与者使用街道的频率以及在街道上的主要活动，街道总体印象包括参与者对街道界面的感受与评价。

街道视角

院落视角

无遮挡
街道界面为原始栅栏，无绿篱遮挡。

半遮挡1
街道界面有部分绿篱遮挡，座椅背后无绿篱遮挡。
绿篱高度：1.7m

半遮挡2
街道界面有部分绿篱遮挡，座椅背后有绿篱遮挡。
绿篱高度：1.7m；0.7m

全遮挡
街道界面全部高绿篱遮挡。
绿篱高度：1.7m

图 6-1 实验刺激场景搭建
图片来源：刘昆绘制

行为决策结果由参与者在实验过程中口头报告，并通过录音记录了参与者就开放性问题提供的解释。实验后对参与者的录音解释进行文本转译与文本分析。

眼动追踪数据是在空间偏好选择和行为实验过程中，借助 SMI — REDn 桌面式眼动仪"捕捉"参与者在街道场景感受评价和行为决策中的注视情况。采样率 120 Hz，精准度误差在 1° 内，参与者自行控制观看时间和图片切换。我们重点考察了两个眼动数据：总注视时间（TFD）表明参与者对街道界面要素的偏好，注视时间越长，人们对注视要素更感兴趣；单位区域注视时间（FDPA）排除了要素的面积影响，能反映影响人们感受评价和行为决策的关键街道要素。

在本研究中，重点采用了同一任务下的交叉分析互证。在具体实验任务下，利用 NVIVO 软件进行相关文本分析，通过参与者对行为决策结果的解释以及眼动追踪数据，探究参与者在场景认知过程中的心理机制。同时采用 ANOVA 事后检验指标，探究不同视角下参与者对街道界面的视线开敞度和气氛沉闷度的评价水平；采用皮尔逊相关性系数指标，探究两者的相关关系。

6.1.4 实验流程

实验分为实验前准备阶段、实验数据采集阶段和实验后阶段（图6–2）。在实验前准备阶段，参与者签署知情同意书并填写调查问卷，接着根据实验人员的引导坐在显示屏前进行眼动仪的校准，然后由实验人员介绍基本实验流程和街道背景。在实验数据采集阶段，参与者在引导语的提示下分别完成主观综合评价、街道视角实验和院落视角实验任务。在观看、评价、选择过程中的眼动数据都会被记录，根据

图 6-2　实验流程
图片来源：刘昆拍摄、绘制

参与者自我报告的情况确定眼动实验结束。在参与者领取相应的酬劳后离开。整体实验时长约 20 分钟。实验在社区居委会的独立办公室中展开，实验过程中保证室内温度、湿度恒定。

6.1.5　参与者招募

　　为更好地反映场地真实使用者的感受，我们与沪太支路社区居委会合作，共有 44 名来自场地周边社区的居民参与了实验。前期招募中所有实验参与者的筛选标准为：年龄 12 岁以上且具备基本阅读能力和理解能力；无明显视力障碍，近视度数不超过 800 度且不散光；年龄比例 12~18 岁：18~60 岁：60 岁以上为 1：4.5：3（对标 2021 年上海市统计年鉴中年龄分段统计）。男女比例约为 1：1。因未成年人上学时间与实验时间冲突，实际招募中没有招募未成年人参与者。

正式开始实验后，以采样率 >60 Hz、眼动捕捉 >50% 为条件进行数据有效性筛选，得到最终有效参与者 40 人。40 名参与者的眼动捕捉率范围为 77.4%~98.5%（M=90.1%，SD=5.94%）。40 名参与者中，60 岁以下 22 人，60 岁以上 18 人（M$_{年龄}$=47.5 岁，SD$_{年龄}$=16.3 岁，N$_{男性}$=21）。40 名参与者全部在街道周边社区居住或工作，去沪太支路 615 弄的频率较高，主要活动有上班通勤、休憩、散步、停车等。

6.2 研究结果 1：街道视角的公共空间使用

6.2.1 街道视角：主观综合评价

在前期调研中我们发现，改造后的沪太支路 615 弄受到了社区居民的广泛好评，但具体是哪些街道要素提升了居民的景观感受呢？为了探究参与者对现状街道界面改造内容的兴趣区及其影响权重，我们考察了参与者对街道实景照片的主观综合评价及其眼动注视时间占比。

结果显示，在街道界面景观要素认知和主观综合评价过程中，参与者的注视主要集中在街道界面上的绿篱部分（图 6–3）。我们猜想，改造后边界清晰的栅栏、修剪过的绿篱与整洁的路面都应该是参与者关注的对象，但有趣的是，在实验任务没有暗示的前提下（"您留意到什么变化吗？"），参与者们将主要的注视分配到了街道的绿篱部分（图 6–3 左上）。为了进一步验证，我们将刺激图片按照要素划分为不同区域（图 6–3 左下），得到了单位区域注视时间占比。结果显示（图 6–3 右下），参与者最多的注视时间集中在绿篱上。因此我们

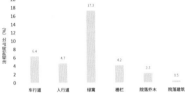

图 6-3　街道界面评价文本分析与总注视时间分布

图片来源：姚兴拍摄、刘昆改绘

推断，街道绿篱的改造是最有效的，也是街道居民们最为关心的。

　　参与者们在关注街道界面绿篱的同时表达了什么样的感受呢？对参与者评价文本的词频分析结果显示（图 6-3 右上），参与者们多次提到了"干净"。对于街道环境提供的"干净"的印象，大部分参与者提出感受到了改造后街道景观环境被照料的原因。很多居民解释时提到了"被规划""被改造""修过了"。例如有居民提到："整体感觉被规划过了"，"不像之前是普通的路"，"感觉垃圾被清理干净了"，"绿化变多了，不像之前光秃秃的"，"感觉植物有人修剪了"。此外，也有部分居民认为街道环境变得更加"安全"了。阐述原因时有居民提到"人走的路跟车通行的路被隔开了，感觉安全一点"，也提到"植物增多了，可以更加放心地走路了"。干净的环境感受或许与同样被反复提及的"绿化"有着密切关系。

显然，在设计团队的一系列改造动作中，街道界面的绿篱是参与者们普遍关心的话题，参与者们感受到的"干净"与"安全"也很有可能来自绿篱。那么，由街道界面上的绿篱创造的干净、安全的景观环境，能够促进街道和院落这一重要边界上发生的一系列睦邻友好行为吗？如果可以，什么样的绿篱最为有效？为了探究这些问题，我们分别考察了不同绿篱遮挡程度对参与者在公共街道上可能发生的交谈、休憩、阅览行为的影响，以及参与者在私密的个人院落对不同绿篱遮挡程度界面的居住偏好及其原因。

6.2.2 街道视角：视线开敞度评价

为考察街道界面对街道上可能发生的睦邻健康相关活动的促进，实验考察了参与者在街道视角时对街道界面开敞度的主观评价，以及不同遮挡程度街道界面对交谈、休憩、阅览这三种典型行为的意愿和感受的影响。

参与者对三级四类街道界面（无遮挡、半遮挡 1、半遮挡 2、全遮挡）进行的 1~5 分开敞度评价结果显示，参与者对街道界面的开敞性整体评价较高，四个界面评价的平均值（$M_{街道开敞}=3.69$）高于中等开敞度（2.5）。即使在全封闭界面中，居民对视线开敞度的感受在 5 分量表中也处于中等开敞水平（$M_{全遮挡}=2.98$，SD=1.40）（图 6-4）。

参与者认为，完全开敞的无遮挡界面的开敞度显著高于其他三个街道界面，其他三个街道界面的开敞度差异不大（图 6-4，街道界面视线开敞 – 视线封闭评价）。ANOVA 差异检验的事后分析显示，对于我们考察的四个街道界面的开敞度，在统计结果上显示两种水平的开敞度（邓肯尼 T3 检验 $F_{(3, 156)}=12.14$，p=0.008）。具体表现为，无遮挡界面（M=4.43，SD=0.90，SE=0.14）视线开敞度显著高于半遮挡 1 界面（M=3.68，SD=0.94，SE=0.15，p=0.003）和半遮挡 2 界面（M=3.68，SD=0.97，SE=0.15，p=0.004），且显著高于全遮挡界面（M=2.98，SD=1.40，SE=0.22，p<0.001）。半遮挡 1 界面和半遮挡 2 界面视线开敞度高于全遮挡界面，但在邓肯尼 T3 检验中不表现显著差异性。半遮挡 1 界面和半遮挡 2 界面开敞度不表现差异性。

眼动注视显示（图 6-4），在评价街道界面视线开敞度时，半遮挡街道界面能够最有效地将居民注意引入院落内部。参与者对街道界面的总注视时间显示，在评价街道界面开敞度时，半遮挡界面上的开敞部分吸引了更多注视（图 6-4，总注视时间分布）。为进一步验证，我们通过划分兴趣区得到总注视时间的空间分布统计，根据区域眼动注视时间占比在街道界面对应的平面图上转译了三类空间的分布（图 6-4，注视时间分布转译、区域总注视时间占比）。结果显示，在评价无遮挡街道界面时，居民总体注视主要集中在外部街道空间的行人和地面上（74%），只有少量注视时间集中于院落内部空间（4%）。而在半遮挡 1 界面和半遮挡 2 界面评分时，院落内部空间分别有 39% 和 26% 的注视时间。全遮挡界面不能展示院落内部空间，居民主要注视街道界面（63%）。

6.2.3　街道视角：交谈行为

为考察街道界面遮挡程度对体现邻里社交意愿的交谈行为的影响，我们让居民比较了两种不同的遮挡程度（半遮挡 1 和全遮挡界面），并问他们"更想和哪个院子里的邻居交谈"和原因。结果显示，相较无遮挡界面（40%），参与者更喜欢在半遮挡界面下（60%）和

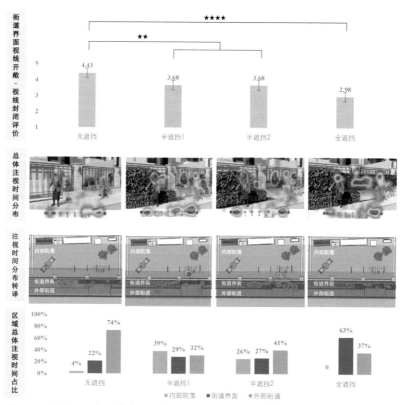

图 6-4　视线开敞度评价结果及总注视时间分布图
图片来源：刘昆绘制

院落内的邻居交谈。全遮挡界面无法看到院落内部居民，故在此不
考虑。

　　参与者表示，选择半遮挡界面主要是因为绿篱的遮挡提供了一定
的私密性和安全感。有居民提到私密性的重要性，比如："我觉得每
个人都应该有一些私密空间，偶尔的一段路看到别人家里面，打个招

图 6-5　交谈行为决策结果及总注视时间分布图
图片来源：刘昆绘制

呼还行，时时刻刻都把别人暴露在阳光之下，我觉得里面的人心情不会好，外面的人也是一样的。"大部分选择半遮挡的居民（19/24）在阐述原因时明确提及了两层空间的隔离，在描述时使用了"遮挡""挡着""视线隔绝"等词语。半遮挡的街道界面绿篱提供的遮蔽在一定程度上屏蔽了院落内部的干扰，提供了更为安全、舒适的景观环境，更能满足街道居民开展交谈行为的心理需求。

　　有意思的是，完全打开的界面院落内部并没有太多视线的关注，反倒是有一定绿篱遮蔽的半遮挡界面吸引了更多视线注意。可能是街道界面的绿篱引导了人们对院落内居民的视觉关注（图 6-5）。居民在无遮挡界面的观察中更多注视了街道上的行人，而半遮挡界面将居民的更多关注引入了内部院落，这一结论与上述街道视角的开敞度评价结果一致，这也为更多街道与院落的互动提供了契机。

6.2.4　街道视角：休憩行为

　　为考察街道绿篱遮挡程度对居民坐靠休憩行为的影响，我们提出了"假如你和朋友约好了 15 分钟后见面，你会选择哪个座椅坐下等他？为什么？"的问题，参与者分别对无遮挡、半遮挡和全遮挡的街道界面进行比较。其中半遮挡 1 和半遮挡 2 差异性较小，因此仅选取了半遮挡 2，分别将其与无遮挡和全遮挡界面进行对比。。行为决策结果显示，无论是相较于无遮挡（25%）还是全遮挡（20%），参与者都倾向于在半遮挡界面（分别为 75% 和 80%）坐靠休息（图 6-6）。

　　参与者表示，半遮挡界面更好地实现了安全感和与院落邻居的互动之间的平衡。在无遮挡和半遮挡界面的选择中，人们倾向于休憩时有绿篱的围合，有较多居民提到"私密性""安全感"等原因。绿篱为休憩居民提供了安全感，但显然这种安全感并不是越多越好。在半遮挡 2 和全遮挡的选择过程中，居民陈述了"感觉绿化太高了""没意思""有点压抑""想看到院子里的人"等原因。因此，当座椅背后绿篱高度太高时，也会降低居民在街道界面前的座椅上休憩的欲望，居民在休憩行为中同样希望看到院落内部场景。

　　眼动注视结果同样显示，在休憩行为决策的过程中，参与者对院落内部空间也表现了一定程度的关注。我们将三种不同的场景分别划分为左、右两个兴趣区，从 40 名参与者的单位区域的总注视时间与区域面积计算比值得出各要素信息密度。ANOVA 差异检验的事后分析显示（邓肯尼 T3 检验，p=0.003），全遮挡右界面与无遮挡右、半遮挡右均存在显著差异（p<0.001）。因此，当能看到院落内部时，居民对于院落内部的注视水平明显提升，这也成为参与者做出休憩行为决策的重要考量。

6.2.5　街道视角：阅览板安装

　　为考察街道界面遮蔽程度对参与者阅览行为的影响，我们让参与者比较了三种不同的遮挡程度（无遮挡、半遮挡 1 和全遮挡界面），

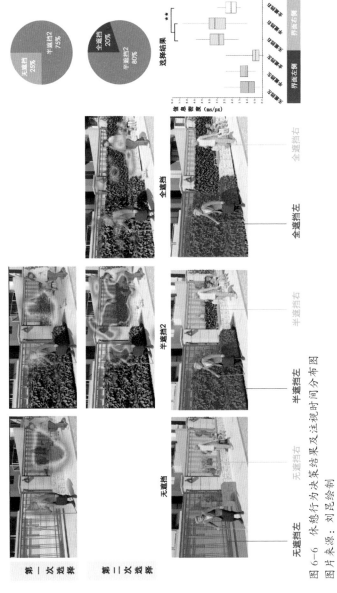

图 6-6 休憩行为决策结果及注视时间分布图

图片来源：刘昆绘制

并通过"选择在哪里安装阅览板"和阐述原因引导考察参与者阅览过程中对街道界面的选择偏好。结果显示，参与者相较无遮挡界面，更喜欢在半遮挡界面（80%）和全遮挡界面（67%）安装阅览板。

总的来说，参与者倾向于选择有绿篱遮挡的街道界面。谈及选择原因时，有很多居民（19/27）在选择时提到了"来自院落内部的干扰"的原因，并给出了"没东西挡着感觉不自在""有绿化更愿意看进去""感觉会影响院子里的人"等原因。因此，在完成报纸阅览任务时，大部分居民认为存在来自院落内部使用者的干扰，绿篱遮挡能够有效降低这些干扰。

眼动注视结果显示，参与者在观察无遮挡界面时，更多地注视了阅览板安装范围外。ANOVA 事后检验结果显示（邓肯尼检验，$p<0.001$），参与者对于无遮挡界面的安装红线外区域注视水平显著提升（$p<0.001$）。因此，在进行阅览这样需要更高专注度的任务时，与休憩选择时的眼动注视结果不同，参与者在阅览时不再关注院落内部，院落内的活动也不再被认为是有趣的信息，而绿篱一定程度地屏蔽了来自院落内部的干扰（图 6-7）。

6.3 研究结果 2：院落视角的半私密空间使用

6.3.1 院落视角：视线开敞度和气氛沉闷度评价

与街道视角不同的是，处在院落视角时，街道界面的遮挡对参与者视线开敞度评价的影响更大，且参与者认为视线开敞度越低，气氛越沉闷。对 4 级绿篱遮挡程度的街道界面（40%，60%，80%，

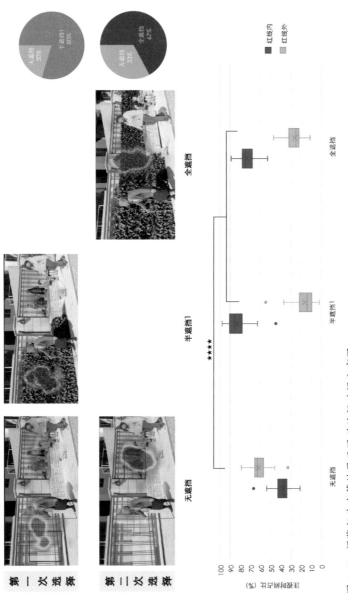

图 6-7 阅览行为决策结果及眼动注视时间分布图

图片来源：刘昆绘制

100%）进行的 1~5 分视线开敞度的评价结果显示，参与者对视线开敞性整体评价低于街道视角评分（$M_{院落开敞}$=3.32，$M_{街道开敞}$=3.69），对于同样全遮挡界面，视线开敞度评价低于 5 分量表的中等开敞水平（$M_{100\%遮挡}$=2.43，$SD_{100\%遮挡}$=1.55）。这或许意味着，生活在院落中生活的居民更在意街道界面绿篱遮挡对视线的封闭程度（图 6-8）。

参与者对 80% 和 100% 遮挡程度街道界面的开敞性评价明显低于 40% 和 60% 遮挡程度街道界面，且前两者气氛更加沉闷。ANOVA 差异检验的事后分析显示，对于我们考察的四个街道界面的开敞度和气氛沉闷度，在统计结果上均显示两种水平的差异性，即邓肯尼 T3 检验 $F_{开敞度}$（3，156）=17.63，p<0.001；$F_{沉闷度}$（3，156）=18.02，p<0.001。具体表现为，40% 遮挡界面的视线开敞度（M=4.15，SD=1.12，SE=0.18）显著高于 80% 遮挡界面（M=2.83，SD=1.21，SE=0.19，p<0.001）和 100% 遮挡界面（M=2.43，SD=1.55，SE=0.15，p<0.001），60% 遮挡界面的视线开敞度（M=3.88，SD=1.01，SE=0.16）显著高于 80% 遮挡界面（p<0.001）和 100% 遮挡界面（p=0.001），40% 和 60% 遮挡程度界面之间无差异。在气氛沉闷度的主观评价中也表现了相同的差异性。40% 遮挡界面的气氛沉闷度（M=1.80，SD=1.20，SE=0.19）显著低于 80% 遮挡界面（M=3.15，SD=1.00，SE=0.16，p<0.001）和 100% 遮挡界面（M=3.55，SD=1.35，SE=0.21，p<0.001），60% 遮挡界面的气氛沉闷度（M=2.15，SD=1.31，SE=0.20）显著低于 80% 遮挡界面（p=0.002）和 100% 遮挡界面（p=0.001），40% 和 60% 遮挡程度界面之间无差异。我们有理由认为，当街道界面遮蔽程度大于等于 80% 时，院落视角参与者认为院落视线不再开敞，气氛不再活跃，而且两者可能息息相关。

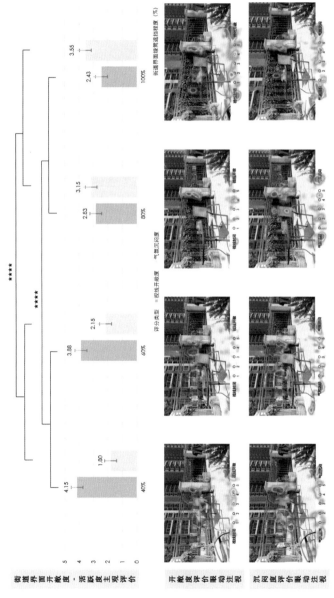

图 6-8 视线开敞度、气氛沉闷度 SD 量表评价结果及总注视时间分布图

图片来源：刘昆绘制

对于视线开敞度和气氛沉闷度评价结果的相关性分析证实了两者之间存在显著的负相关。皮尔逊相关性分析结果显示，街道界面的视线封闭程度（M=3.32，SD=1.42）和院落气氛沉闷程度（M=2.66，SD=1.41）有显著的相关关系（p=0.21）。即参与者认为街道界面越不开敞，院落气氛越沉闷。

评价过程中的总注视时间分布显示，界面的开敞程度可以调节人们的关注。人们在对街道界面进行开敞度和活力度的主观评价时，主要都在考察街道界面。当界面开敞度较大时，人们的视线主要集中在院落外部空间，例如街道上的行人、街旁绿地、座椅、儿童等要素。当界面遮挡增加时，人们的关注点逐渐停留在院落内部的家具中。也就是说，通过绿篱遮挡设计，街道界面能够有效引导院落内部居民的视线关注，这无疑为睦邻交往行为的发生创造了更多可能。

6.3.2 院落视角：居住偏好

为考察街道界面遮挡程度对居民居住意愿的影响，我们让参与者比较三种不同的遮挡程度（半遮挡1、2、3）和全遮挡界面，并选择"更想在哪个院子里生活"。选择结果显示，参与者倾向于选择遮挡度在40%~60%的遮挡较少的街道界面院落中居住（图6-9）。

居民总注视时间的分布显示，参与者在进行院落居住选择的过程中，注视时间同样较多集中在街道界面的开敞区域。在阐述居住选择偏好的原因时，较多参与者提出"希望能看到更多"的原因（22/40），具体内容有"小孩""街上""外面"等描述。而在描述未选择的街道界面时，很多参与者都给出了"沉闷""压抑""不通透"等原因。尽管前期调研中，居民都希望居住在私密性更好的临街院落中，但居

图 6-9 居住偏好结果及总注视时间分布图

图片来源：刘昆绘制

住偏好显示，开敞的街道界面带来的活跃的院落气氛的活跃也是参与者在院落居住偏好中所关注的。显然，相比于完全的私密性（大于80%的遮挡），参与者也希望街道界面的开敞性为院落内部带来活力。

6.3.3 院落视角：街道要素的观看和遮挡

如果居民希望看到街道上的场景，那他们希望具体看到什么呢？为进一步考察居民对街道上具体要素的偏好，我们通过加装窗帘进行遮挡考察了参与者对于街道的汽车（1区）、休憩空间（2区）和自行车棚（3区）这三类在场地中实际存在的要素的偏好（图6-10左上）。居民选择结果显示（图6-10右上），72.5%的参与者不希望看到全部的街道的要素，其中最想遮挡的是包含汽车的区域（35%），最不愿意遮挡的是包含儿童、座椅的休憩空间（10%）。

与选择结果不同，总注视时间分布结果显示（图6-10左下），参与者对于场景的关注更多集中在了2区域休憩空间。我们对刺激图片划分了兴趣区域（AOI），眼动注视时间分布结果显示（图6-10右下），居民的注视主要集中在了街道内的儿童身上。对于选择结果，居民们给出了"装了窗帘更舒服""不想全挡住""感觉汽车太吵""小孩挺有意思的"等描述。我们有理由认为，相比于车辆通行、自行车摆放这样事务性的活动，参与者更倾向于在院落中观察来自街道的社会性活动。

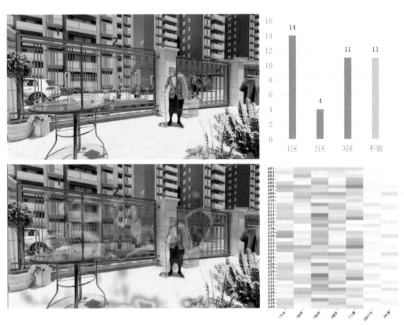

图 6-10　窗帘遮挡行为决策结果及注视时间区域分布图
图片来源：刘昆绘制

6.4　总结：街道界面设计对邻里交往行为的影响

本研究基于不同任务下居民对街道界面场景的主观评价和行为偏好，结合眼动追踪数据与统计学分析方法，为街道边界对于促进社区居民的睦邻交往行为的积极作用提供了证据，为推动健康友好型城市街道建设提供了设计方向。

结论显示，半遮挡的绿篱界面样式能够有效促进更多睦邻交往行为的发生。半遮挡样式的街道绿篱能够很好地平衡街道和院落居民的私密性和社会性需求，为一系列睦邻交往行为的产生打造了基础。居住区活动存在私密性与社会性的重要需要[27]。社区居民存在着交往与独处两种需要，而且必须保证两者维持在某种平衡状态。只有在私密性得到充分尊重的情况下，人们才可能积极地参与交往活动[28]。在街道视角，尽管参与者更希望街道气氛活跃，但在进行休憩、阅览等行为时，对街道边界的私密性也表现了偏好。相比于街道视角，参与者在院落视角中表现了更高的私密性需求，但同时也对街道上发生的社会性活动表达了向往。综合来看，相比于完全遮挡和完全打开的街道界面，半遮挡的街道界面在私密性与社会性的层面形成了很好的平衡。

在居民的关注层面，半遮挡样式的街道绿篱将街道上行人的注视引入院落，也将院落居民的关注引向街道，进而提升双方的交往意愿。多个任务参与者的总体眼动注视表明，相比于全部开敞的街道界面，参与者对半遮挡界面的开敞部分有着更长的注视时间。无论在街道视角还是院落视角，半遮挡界面下参与者都更多地跨越了街道界面，关注另一个空间以及其中的行为。在进行街道界面开敞度评价和院落气氛活跃度评价时，街道界面开敞部分可见的非重点展示空间都成了参与者重点考察的区域。同样地，在完成交谈任务时，相比于无遮挡界面大范围可见的院落内空间，参与者的总注视时间也集中在半遮挡空间的开敞区域。在进行休憩行为决策任务时，当街道界面打开时，原本倾向于主要考察座椅背后绿篱的参与者也将更多注视转移到了开敞处的院落内部，边缘效应被弱化。看到这一有趣的现象时，我们联想到了古典园林造景手法中的框景手法。李奕昂[29]通过实验研究证实，框景手法带来更集中的注视点分布，对园林景观吸引视觉关注起到了积极有效的作用，提升了人们对景观内容的兴趣。半遮挡界面形成的"窗口"与框景手法类似，有效提升了居民对此处的注视，为院落内外居民带来了更多的观看机遇（meeting opportunity）[30,31]，也为睦邻交往行为的发生创造了机会。

对院落居民而言，他们更喜欢部分开敞的院落，也希望看见外面休憩空间但不希望看见交通等非社交的纯功能空间。对于街道活动，参与者也表现了很强的筛选性，并对社会性行为表达了偏好。人类学家爱德华·T. 霍尔（Edward Twitchell.Hall）提出，人类有两类知觉器官：距离型感受器官（眼、耳、鼻）和直接型感受器官（皮肤和肌肉）。其中距离型感受器官对于人体验外部空间和人际交往具有重要意义[19]。在对街道上的活动进行筛选时，参与者对可能产生噪声、尾气和存在潜在危险的汽车、自行车表达了不希望看到的意愿，但是对于儿童、座椅、绿化和交往行为表达了更多的关注和希望看到的意愿。由于可供参与者选择的要素不足，参与者在院落内想看到和不想看到的内容的种类和特点仍有待进一步研究，但在实际场地设计过程中，明确街道存在的要素后，通过考察院落居民意愿对街道上出现的要素进行选择性的遮挡，也能有效地为院落内居民提供良好的景观感受，促进居民在院落内的停留时间，进而促进更多睦邻友好行为的发生。

参考文献

[1]　李春聚，王婵媛，姜乖妮. 健康城市视角下的社区规划策略研究 [J]. 建筑科学，2022, 38(06)：233–239.

[2]　周珂，陈奕言，陈筝.健康导向的城市绿色开放空间供给[J].西部人居环境学刊，2021, 36(02): 11–22.

[3]　NIELSEN T, HANSEN K. Do green areas affect health? Results from a Danish survey on the use of green areas and health indicators[J]. Health & place, 2007, 13(04): 839–50.

[4]　MAAS J, VAN DILLEN S, VERHEIJ R A, et al. Social contacts as a possible mechanism behind the relation between green space and health[J]. Health & Place, 2009, 15(02): 586‒595.

[5]　亚伯拉罕·马斯洛.动机与人格[M].许金声，等译.北京：中国人民大学出版社，2007.

[6]　哈马贝斯.行为合理化与社会合理化[M].曹卫东，译.上海：上海人民出版社，2004.

[7]　陈纪方.社会心理学[M].郑州：河南人民出版社，1986.

[8]　CLANCY J, RYAN C. The role of biophilic design in landscape architecture for health and well-being[J]. Landscape Architecture Frontiers, 2015, 3(01): 54–61.

[9]　邰佳，刘军，田美蓉，等.社会交往对老年人自评健康的影响分析：兼论心理资本的中介效应[J].四川大学学报（医学版），2022, 53(04): 670–675.

[10]　邢小玉.社会支持对流动老人健康的影响研究[D].桂林：桂林理工大学，2021.

[11]　张应阳.社会交往对流动老人自评身体健康的影响及其嵌入机制研究[D].武汉：华中科技大学，2019.

[12]　方袆.探究社会交往及态度对我国居民健康自评的影响——基于logistic回归分析[J].纳税，2017(13): 136.

[13]　薛丰丰.城市社区邻里交往研究[J].建筑学报，2004(04): 26–28.

[14]　楼海文.城市社区道路交往空间研究[D].上海：上海交通大学，2013.

[15]　叶彭姚，陈小鸿.雷德朋体系的道路交通规划思想评述[J].国际城市规划，2009, 24(04): 69–73.

[16]　黄建中.我国特大城市用地发展与客运交通模式研究[D].上海：同济大学建筑与城市规划学院，2003.

[17]　叶茂，过秀成，刘海强，等.基于人车共存的居住区道路系统规划设计探讨[J].规划师，2009, 25(06): 47–51.

[18]　王健."新城市主义"思想对我国住区规划设计的影响[J].安徽建筑，2004(01): 30–31.

[19]　扬·盖尔.交往与空间[M].何人可，译.北京：中国建筑工业出版社，1992.

[20] SULLIVAN W C, KUO F E, DEPOOTER S F, et al. The fruit of urban nature: vital neighborhood spaces[J]. Behavior, 2004, 36(05): 678–700.

[21] 杨卫宁, 于维钧. 居住小区道路绿化景观设计探讨 [J]. 经营管理者, 2011, 18(02): 352.

[22] 杨静霄. 激发街道公共活动 营造良好交往空间——川西地区场镇街道空间的构建 [J]. 四川建筑, 2012, 32(03): 8–10.

[23] 余抒蔚. 交往空间——"边界效应"及其充分条件 [D]. 杭州: 中国美术学院, 2010.

[24] THWAITES K, MATHERS A, SIMKINS I. Socially restorative urbanism: the theory, process and practice of experiemics[M]. London: Routledge, 2013.

[25] NEWMAN O. Espacio Defendible[M]. New York: Macmillan, 1973.

[26] 刘凌汉, 吴美阳, 马艺萌, 等. 眼动追踪应用于景观领域的研究综述 [J]. 西部人居环境学刊, 2021, 36(04): 125–133.

[27] 李道增. 环境行为学概论 [M]. 北京: 清华大学出版社, 1999.

[28] 周萱. 促进交往的住区空间环境设计初探 [D]. 重庆: 重庆大学, 2005.

[29] 李奕昂. 苏州文人园林四种造景手法视觉体验的实验研究[D].沈阳:沈阳建筑大学, 2019.

[30] FLAP H, VÖLKER B., GEMEENSCHAP. Informele controle en collectieve kwaden B. Völker (ed.), Burgers in de buurt: samen leven in school, wi jk en vereniging[M]. Amsterdam: Amsterdam University Press, 2004: 41–67.

[31] VÖlkER B, FLAP H D, LINDENBERG S. When are neighbourhoods communities? Community in Dutch neighbourhood[J]. European Sociological Review, 2007, 23(01): 99–114.

[32] 王兰, 蒋希冀.2019 年健康城市研究与实践热点回眸 [J]. 科技导报, 2020, 38(03): 164–71.

[33] 王兰, 凯瑟琳, 罗斯. 健康城市规划与评估: 兴起与趋势 [J]. 国际城市规划, 2016, 31(04): 1–3.

[34] WORLD HEALTH ORGANIZATION. Global health risks: mortality and burden of disease attributable to selected major risks[M]. World Health Organization, 2009.

[35] 陈奕言, 聂煊城, 陈筝. 户外健康环境综合文献图景研究 [J]. 风景园林, 2021, 28(08): 87–93.

[36] 周珂, 陈奕言, 陈筝.健康导向的城市绿色开放空间供给[J]. 西部人居环境学刊, 2021, 36(02): 11–22.

[37] APPLEYARD D, GERSON M S, LINTELL M. Livable streets protected neighborhoods[M]. Berkeley: Institute of Urban and Regional Development, University of California, 1977.

[38] THWAITES K, MATHERS A, SIMKINS I. Socially restorative urbanism: the theory, process and practice of experiemics[M]. New York: Routledge, 2013.

[39] THWAITES K, SIMPSON J, SIMKINS I. Transitional edges: a conceptual framework for socio-spatial understanding of urban street edges[J]. Urban Design International, 2020, 25(04): 295-309.

[40] SIMPSON J, THWAITES K, FREETH M. Understanding visual engagement with urban street edges along non-pedestrianised and pedestrianised streets using mobile eye-tracking[J]. Sustainability, 2019, 11(15): 4251.

[41] SIMPSON J, FREETH M, SIMPSON K J, et al. Visual engagement with urban street edges: insights using mobile eye-tracking[J]. Journal of Urbanism: International Research on Placemaking and Urban Sustainability, 2019, 12(03): 259-278.

第7章 视觉感受的空间量化测度和
实践应用：成都公行道

　　本章的研究对象是和同济规划院城景所合作的第三条街道——成都公行道。公行道位于成都武侯区华西医科大学南侧，连接学校、医院和教工宿舍等片区。街道两侧立面以实墙围墙为主，间或有建筑山墙和少量临街店铺。作为视觉引导循证设计的案例，我们选择公行道起初主要有两个关注点：一是科学量化围墙透绿后对视线、视域进而对空间感受的影响，二是循证推敲张琼仙故居（颐庐）如何通过减法设计，巧妙而低调地呈现文化信息，在不改变整体环境和谐度的前提下提供丰富的文化体验。虽然笔者对第二个关注点更感兴趣，但它的实验设计，尤其是方案设计和表现，比先前预料的要困难很多，最终未能赶上这一轮实验。

　　本章呈现的是第一个关注点，公行道围墙透绿后对视线视域以及空间感受的影响。比这个案例本身更有价值的，是眼动追踪提供的注意力空间统计分布。这个量化工具可以系统性分析典型空间的注意力分布规律，科学评价具体设计对注意力引导的效果，协助论证具体设计策略的效果和科学性。

7.1 实验背景和研究设计

7.1.1 实验背景

风景本质是一类信息[1]，而人的视觉观察是对信息的一种获取方式。相同的风景信息通过电信号传入不同人的脑内时，会产生接收差异，这便是不同人对相同信息有偏好的原因，也就是人对空间认知和理解的差异。不同的认知情况直接导致人对于环境的感受发生变化，进而会影响其环境内的心理、行为等。科学实践证明，人在认知过程中，83%的信息源于视觉。那么人是如何通过视觉去认知三维空间的？人是如何对空间进行划分、判断分布和感知偏好，从而辅助自身理解风景信息本身的？

许多学者从视线的角度和距离上给出了答案，例如从视角上来说，根据黄世孟在《场地规划》的阐述（图7-1），人的双眼水平角度集中在视轴前后110°范围内，其中双眼水平视区主要分布在视轴前后60°范围内，也就是人眼视线聚焦的区域。双眼垂直角度集中在视轴上60°至下75°范围内，双眼垂直核心视区分布在视轴上25°至下30°，且在步行过程中会有自然视线10°下倾[2]。从视距上也有相应的研究，例如凯文·林奇认为25 m左右的空间尺度是社会环境中最舒适且宜人的尺度，是形成安宁、亲切、舒适环境氛围的良好尺度原则。日本建筑师芦原义信在《外部空间设计》中也提出了以20~25 m为模数的"外部模数理论"，作为外部空间的尺度，以提升人感知空间的节奏感[3]。通过经验总结，人眼在观看20~30 m范围内的环境时，可认知建筑的色彩、图案、形象，30~100 m则可认知建筑的整体形象等。

上述学者们无一例外以经验总结结合实际案例的方式，进行了经

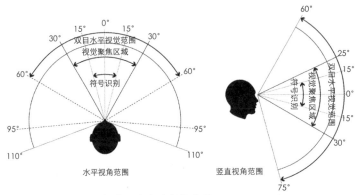

图 7-1　人的水平、竖直视角经验数值范围
图片来源：熊睿雨绘制

典视觉情况的分析和数值概括。但随着城市街道空间日益繁杂，人们
追求的城市空间体验逐渐上升，空间信息也变得多元且复杂化，经验
式的总结并不能很好辅佐我们去测度环境与人视觉之间的核心关系。
我们是否有新的一种途径，去验证、去解释人的视线在认知空间中的
规律，并进行合理的量化。进而更好地去认知建成空间，去判断建成
环境的效果，更好地对视线进行有效分析，最终用于辅佐设计。

　　眼动技术可以捕捉观看者的注视点、注视时长，眼跳变化等情况，
并通过可视化的手段形成热力图等辅助图示，是现阶段测量视觉感知
情况的有力工具。但在通常的眼动实践中，被视者往往都是定点观看
实验中准备的二维画面进行视线的测量评估，再基于二维画面进行数
据分析和可视化分析，这个过程是一种平面式的思考方式。虽然借此
能进行合理的实验分析，但从现实情况的空间角度考虑，缺少了空间

维度的思考，设计师们往往会被这种平面式的结果所限制，忽略视线的空间投射，从而给研究、设计都带来一定的局限性。例如，在实验过程中能知晓画面的视线注视情况，却不能知晓视线的空间角度和视线的可及距离等。国外学者辛普森（Simpson）等曾尝试通过借助眼动仪，结合数据进行视线可视化制图，去阐述眼动在三维空间中的热力情况[4]，其制图方式具有实操的可行性，但由于偏向定性的研究，缺少量化的数据对视线进行统计支撑。

那么，如何将人认知三维空间和视线的投射有效结合，并使其更具科学性？如何通过更好的视觉测量手段来评判建成后空间的情况？本章将介绍一种基于眼动的建成环境视线测度方法，通过量化视线本身的角度、视距、分布等情况以对建成街道环境进行合理的评估，从而更好地提升街道的步行体验与感知情况。

7.1.2 实验设计

（1）实验刺激场景搭建

实验刺激图片选择为成都武侯区公行道的典型段落，是两侧为封闭围墙的步行街道。为改善其对视线的影响，对围墙进行了透绿改造，将街道两侧实体围墙改造为附着垂直绿化的栅栏围墙，适当透出原围墙后的建筑界面（图 7-2）。

为了更好验证人对街道环境的认知情况，以及对比建成环境前后注意力、视线关系的变化情况，分别对现状与改造后街道进行建模。场景模型搭建基于 SketchUp2021 和 Lumion10.0，结合实地调研与百度街景的综合资料，力图还原最真实的街道形态。以 1.6 m 视高默认为行人视角导出实验刺激图片。实验刺激图片格式均为宽 1920 像素，

图 7-2 场景刺激图
图片来源：李晔绘制

高 1080 像素，位深度 24，分辨率 96 像素 / 英寸。

（2）实验数据采集

采用 SMI-REDn 桌面式眼动仪捕捉被试在感知街道空间时的注视情况。具体的采集流程为：①被试抵达实验室了解仪器的使用说明，签署知情同意书后开始进行眼部的捕捉校准；②实验 1：进行场景第一印象的眼动浏览，观察现状与改造刺激照片各三张，且三张照片为该街道上连续行进的画面；③实验 2：观看现状与改造的典型场景照，进行整体第一印象 1~5 分的评分，并阐述第一印象的感受和评分结果的原因；④实验 3：依旧观看现状与改造的典型场景照，分别对开敞度、舒适性进行 1~5 分的评分。实验全程约为 20 分钟，实验结束后，被试填写个人背景信息并领取相应的酬劳。

7.1.3　有效被试

本实验通过网络征集被试人群，在说明实验意图与日程安排后总共招募 46 名被试，均为在读的本科生和硕士生，且全部被试裸眼视力或矫正视力均在 1.0 以上、无色盲、无精神疾病史。以采样率 60Hz、眼动捕捉率 ≥ 70% 为条件进行数据有效性筛选后，总共得到有效被试 40 名，有效被试眼动捕捉率范围为 77.4%~98.5%（AVG=90.1% ± 5.94）。其中男女比例为 1∶2.3，平均年龄在 23.6 岁，具有专业背景（指工作或学习背景与规划、景观、建筑领域相关）的为 22 人，占比 55%。

7.1.4　数据导出

使用眼动数据分析软件 BeGaze3.7 进行眼动数据的导出，确认有效被试的眼动数据，并人工依次导出被试观看刺激图片后的眼动扫视图（scan path），总计 320 张。以及聚合热力图（heat map），总计 8 张，以备后续有关视线的建模分析使用。为防止信息饱和进行重复性的大量工作，选取 10 名具有代表性的被试相关眼动数据图，用于眼动的空间视线量化分析统计。

7.2　测度 1：空间兴趣区——特定兴趣空间的注意力统计

7.2.1　空间兴趣区的定义与形成

视线簇是一种对视线的可视化方式，呈现为一条不可见的直线[5]。视线从人的视点出发，映射到人所观察的物象上，其原理为风景信息通过光的电信号在脑内成像。

空间兴趣区（spaces of interest）为三维空间中的重点的研究区域，以立体空间的形式呈现，区别于传统眼动二维平面式的兴趣区，空间兴趣区引入了深度的概念，能更好反映视线在不同空间层次中的穿透变化，其测度与视线簇数量关系密切。

视线簇数量即为人的关注点的数量。不同的关注点会附着在不同的物象上，由于视线的发起点处于人眼位置，且人在观察时会产生多个关注点，因此视线簇是以人眼为顶点的一个锥形区域（图 7–3）。空间兴趣区的统计分析是基于该空间区域内视线簇的数量，该区域内

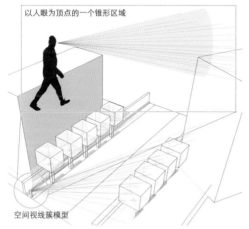

图 7-3 视线簇形成的锥形区域
图片来源：熊睿雨绘制

视线簇数量越多，表示受关注程度越高。

7.2.2 空间兴趣区的测度

首先，通过眼动扫视图明确各个注视点在街道画面界面中的准确位置，再根据人视点的高度与朝向位置，将人的视点与扫视图内注视点在场景模型中的投射点进行双点连接，建立以人眼为起点的视线极坐标。视线建模的软件为SketchUp2021，默认人的标准身高为1.65 m，视点高度为1.60 m，视点与注视点间通过自带的线条工具进行连接，形成接近锥形的视线簇模型（图7-4）。其次，基于视线簇的形成，选择空间内特定的区域如界面、要素等，人工统计该区域内视线簇的数量，最后通过 SPSS 26 进行数据可视化整理。

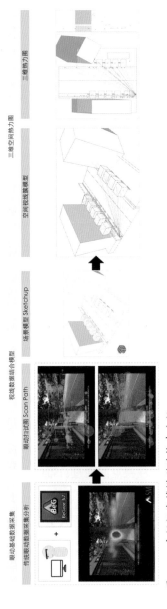

图 7-4 空间视线簇模型的构建流程

图片来源：熊睿雨绘制

7.2.3 空间兴趣区的作用

空间兴趣区引入了深度信息，有助于我们从数据和可视化层面理解三维空间中的注意力区域。深度信息能将处于不同层次的界面或空间区分开，让注视点更精准附着在处于不同层次的研究区域上，方便后续的统计研究。

从数据统计层面，基于兴趣区内视线簇数量的变化情况，我们可以知晓该兴趣区内注意力的分配情况，如不同空间的视线簇数量比、总视线数等。这能更好地帮助我们从视觉角度评价建成环境前后的成景效果，例如，当该兴趣区内视线簇数量较多时，则该区域受关注程度高。这有助于我们更细致分析视线被分配的对象与聚集程度，为设计优化提供量化参考。

从三维可视化层面，借助该视线簇在兴趣区上的聚集信息，以及三维空间中灵活的视角变化，通过后期在 Photoshop 图像处理软件内，将注视点的聚集程度使用渐变映射工具（Gradient Map）进行热力的可视化，可延展出一系列三维的空间热力图。这帮助我们跳出传统场景热力画面的研究形式，以热力平面图、热力立面图等形式呈现空间的注意力分布情况，以多视角、更精准的方式去测度被关注的空间区域。

7.2.4 空间兴趣区在公行道实践案例中的运用

一般来说，行人对街道的注视主要分布在底层界面[6]，公行道凭借其典型的围合特性，使得围墙成为街道内外的边界。为了研究其注视的前后变化，将其街道空间分为三部分（图 7-5），分别为街道内部空间、围墙界面、街道外部空间。为探究公行道围墙改造前后注意

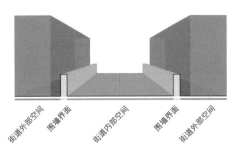

图 7-5　公行道街道空间兴趣区划分
图片来源：熊睿雨绘制

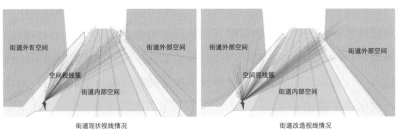

图 7-6　公行道视线簇模型
图片来源：熊睿雨绘制

力的变化情况，将这三类空间分别作为空间兴趣区进行视线簇的统计变化。

　　根据第一印象评分时的眼动数据，对 10 人在不同方案下的视线情况进行建模（图 7-6），再根据空间兴趣区进行视线簇数量统计。根据数据显示，相比现状视线情况，改造后更多的视线被分配到街道外部空间，总占比从 6% 提升至 23%，而街道内部空间的视线大幅下降，从 47% 降至 33%。但围墙界面改为栏杆界面后，本身却只有小幅下降，从 46% 降至 43%（图 7-7）。通过透绿改造，视线向内延伸，人们对环境分配的注意力发生了改变：街道内部注意力比例由 50% 左右

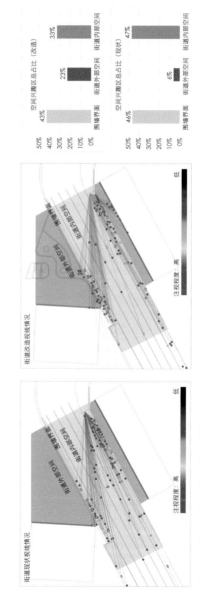

图 7-7 空间兴趣区在仓行道的统计

图片来源：熊睿雨绘制

下降到了 33% 左右。换句话说，街道空间本身的信息不再占据主导地位。

7.3 测度 2：视觉方向角——三维方向的注意力分配

7.3.1 视线簇夹角的形成与呈现

由于人在观察空间的过程中，视线会随着眼睛的微运动而产生位移，从而形成视线的变化夹角，这种夹角是以三维空间的形式呈现的，具有多方位性，一般通过水平夹角与竖直夹角两个维度分别描述，将视线与视觉面法线[1]之间的夹角则称为视觉方向角。

7.3.2 视觉方向角的空间测度

基于眼动扫视图的视线簇模型，通过 SketchUp2021 建立以视觉面法线作为中心，以 10° 间隔（可自定义间隔度数）的角度测量器，将该空间方位角测量器放置于人视角处便可进行视线水平角度和竖直角度的分别统计，统计过程中人工进行计数。也可使用 SketchUp 的角度测量工具进行视角测量，获得精准的角度数值。最后通过 SPSS 进行数据可视化整理。

7.3.3 视觉方向角的作用

视觉方向角的测度有助于我们理解视觉的中心与信息的分布，从

---

1 视觉面法线：垂直于视平面的视线，并且是视角范围的中线。

而对设计有更好的优化。人在观察空间的过程中，通常会先扫视空间整体，读取画面中的视觉信息，构建基础的分布情况。在对所在空间有了初步认知后，再进行其他行为活动。在此过程中，视线的角度变化成为读取信息的关键。

伴随着空间的透视特性和场景要素的干扰，会对视线产生生理性的引导趋势，从而产生相似的视角，形成视觉的焦点，画面的视觉中心。例如当人们行走在街道上，往往会被街道的延伸透视引导，在无其他干扰的情况下，视觉中心会集中于透视点处。但存在其他要素引导后，视觉中心会进行分散，视角发生变化，形成新的视觉中心。

由于人的视觉角度是有限度的，我们可以通过分析视觉角度的分布，知晓空间中较为重要的信息的分布，从而侧重该视角区间研究与设计。此外，不同的空间类型具备不同的结构特性，若要进行精准优化设计，知晓人对于不同空间场景的视线角度分布情况极为重要，这对设计师也将有极大帮助。

通过统计视觉方向角的分布情况，我们可以从三个层面去认知其在空间中的作用：从人的感知层面，可以凭借视角的疏密度、集中情况判断人的兴趣区间，知晓最为吸引人的视觉角度范围，也可以通过空间角度的大小判断该场景内视野的范围，以人视角优化空间的体验感。从要素层面，借助最佳视角区间，可以精准布置相关的设计要素，以最高效的方式提升空间质量。从设计层面，可以评判框景、障景等设计手法的成景效益，从而提升人对于特定视线角度、空间的关注情况，也可以通过统计连续多个行进中的视觉方位角，来评判动态景观中的视线变化规律以及动态景观的节奏感 [7]。

7.3.4 视觉方向角在公行道实践案例中的运用

为探究公行道步行情况下连续的视觉方位角的变化,选择行进的站点画面作为刺激图片。基于实验第一印象的眼动数据,行进中的视线簇进行建模(图7-8),并从视线水平角和竖直角度分别统计。

(1)从视线水平角分析:由于围墙的透景改造形成新的视觉焦点,更多的信息呈现在两侧的围墙界面上,相比于现状情况,改造后的视觉角度被打开。

由于设计前的街道以围墙界面为主要核心,缺乏信息分布,且在街道空间本身的透视纵深的引导下,视觉焦点会从四周向中心收拢,呈现中心集中的现象,根据角度统计可知,在公行道街道信息单一的情况下,在 -10°~0° (负值代表位于0° 视觉法线左侧,正值代表位于法线右侧)和20°~30° 区间内,视线较为集中。改造后街道封闭围墙界被透绿设计替代,形成了新的"风景"即视觉信息,原本较为中心聚集的视线簇数量被分散,形成多个视觉焦点,视线数量集中于 -40°~30° 、 -20° ~ -10° 和30°~50° 范围内(图7-9)。

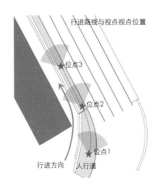

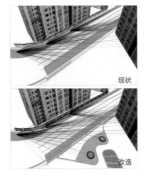

图7-8 行进中的
视线簇呈现
图片来源:熊睿雨
绘制

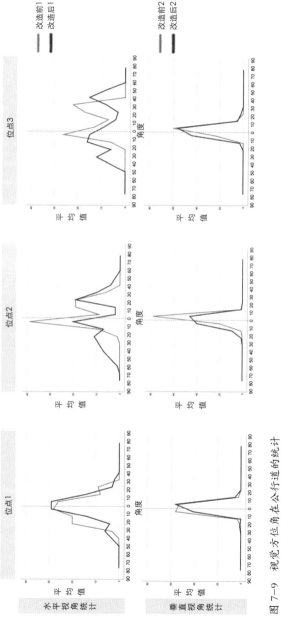

图 7-9 视觉方位角在公行道的统计
图片来源：熊春雨绘制

从前后视线角度变化情况可看出，人的观察视角范围被扩大，且视线角度聚集的焦点增加。这说明街道空间具有更丰富的信息要素时，人眼会注视更多的物象，视线簇也将以多个且集中的形式再分配。

（2）从视线竖直角分析：符合 10° 俯角的现象，且在改造后有将视线抬升的趋势，但影响不大，主要的被影响因素还是水平方位角。

7.4 测度 3：空间视距——空间层次与开阔程度

7.4.1 空间视距的定义与形成

空间视距即视点与被观察物象的距离。在人观察空间的过程中，视距会随着视线的变化而变化，所观察的最近物象与最远物象之间会形成一个区间范围，即空间视距的范围。

7.4.2 空间视距的空间测度

基于眼动扫视图的视线簇模型，通过人工使用 SketchUp 内的距离测量工具进行视距的测量，以人视点为基点，进行视点与观察物象距离的统计，最后通过 SPSS 进行数据可视化整理。

7.4.3 空间视距的作用

空间视距有助于我们理解空间的层次与开阔度，从而提升街道的视觉体验。由于观赏对象与观赏点的距离不同，视觉的敏感程度也不相同。随着视距的增加，视觉敏感度依次降低，且人们对不同视距中的景物注意程度和注意内容都会有变化，从而影响人对于空间的感受变化[8]。而不同的空间设计具备独特性，会使空间视距范围不同，进而影响人们对于空间的开阔度的评价，因此为了精准确定不同空间的视距范围，需要进行视距的空间统计。

当视线所关注的物象处于不同的视距空间，且不同的视距范围内的视线数量存在差异时，就会形成视线的层次感。人会将更多视线集中至最为重要的空间或要素上，形成主景和次景，再通过视距的影响形成具有不同吸引强度的前景、中景、后景，这将是营造空间层次的关键。

通过统计空间视距，我们也可以从三个角度来解释其空间作用：①从人的感知角度，有助于确定最短与最长视距，从而优化空间的开敞感。同时能够测度视线最多且视距最为集中的区间，并在该范围内进行更精准、更细化的升级改造。②从要素的角度，有助于提升单个要素的关注度。在视线簇最集中的要素上，即为人最关注的设计要素，可以进一步确定其对人的行为影响或对局部空间的关注情况。③从设计的角度，能够验证建成前后的空间视域情况，以及在空间层面判断最被关注的设计要素、界面等。

7.4.4 空间视距在公行道实践案例中的运用

现状街道由于围墙信息单一，主要的视线未被近处的信息吸引，向远处集中在 10~30 m 的视距范围内（图 7-10）。通过改造，视距在 0~10 m 的区间内的视线激增，主要视距集中在 0~30 m 区间内，30 m 以上的视线数有所减少，当风景信息丰富时，对近处的信息关注度加强，更多的注意被分配至近处。如同设计手法中的添景与障景，通过改变有效信息量来满足不同的设计效果，当处于围墙状态时为

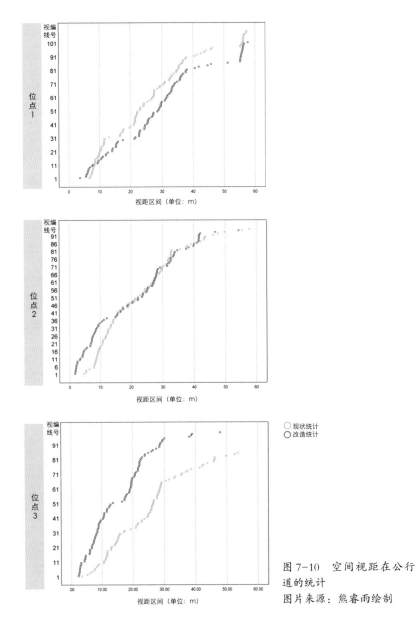

图 7-10 空间视距在公行道的统计

图片来源：熊睿雨绘制

障景，当处于透绿状态时则为添景，从空间视距的统计能明显看出视线的变化。

7.5　总结：视觉感受的空间量化测度和应用

7.5.1　空间量化测度的指标

7.5.1.1　空间兴趣区

空间兴趣区通过统计研究区域内视线簇的数量情况，反映空间中的注意力分配，也从三维热力可视化层面丰富了研究方式。相比传统对于兴趣区的研究，它跳脱了二维平面式的研究，以三维多视角的方式提供了更清晰的注视再现方式。在公行道实际案例的使用中，我们清晰得知了现状与改造的空间中不同界面空间的注意力分配情况、注意力比例和变化情况，并从三维的视角再现了热力平面图和立面图，以更精准的角度发掘界面透绿对于行走体验的影响。空间兴趣区是空间视线研究的基础，基于其对于视线簇的三维可视化，才能辅助视觉方向角和空间视距的测量。

7.5.1.2　视觉方向角

视觉方向角通过统计视线簇与视觉中心法线的夹角，得知视线最为集中的角度区间，在帮助理解空间信息分布和视觉中心的同时，进行该空间精准的优化设计。在案例的使用中，我们得知了街道上被关注的主要视角区间，以及改造后视角的聚集区增多。这说明通过透绿增加了风景信息，创造了新的视觉焦点，使得人眼感知变化，注视中心增多，视线角度范围被明显扩张。凭借视觉方位角的量化，在进行精准优化的同时也能评测优化的效果。

7.5.1.3 空间视距

空间视距通过统计视点到观察物象的距离，反映空间的开阔度以及场景的层次情况。在案例的使用中，我们得知了在该街道现状的视距范围区间，由于围墙的单一信息，观察时忽略了近处的信息，使得街道开敞感较弱。通过透绿丰富了风景信息，视距范围被扩展，街道开敞感被强化。空间视距还可以结合空间兴趣区的统计，从不同的视距上考虑注视情况，以丰富空间的层次，创造具有主、次关系的前景、中景、后景，提升街道的视觉感知体验。

7.5.2 视觉感受空间量化测度的实践应用

7.5.2.1 实践应用的前景

本章介绍了一种基于眼动技术的环境视线测度方法，这种方法从视线的两个方面来看有较大的突破。首先，对视线相关的经验数值进行验证和测算。前人学者凭借自身对案例和长期经验的总结，得出了一系列人眼的视角、视距经验值，但由于空间的异质性，这些经验值并不能很好地指导关键的设计。本章介绍的视线测度方法，能够在一定程度上测量出适用于空间的视角与视距的数据，通过更清晰的量化数据来高效、精准地优化设计。

其次，基于二维画面分析的眼动技术进行突破。在眼动数据的分析过程中，引入深度的概念，使数据与三维空间产生互动，创造出新的属于空间层面的眼动数据，如在空间中测算视觉角度、视觉距离等，并且从多视角丰富眼动热力的呈现方式，如在场景的平面图、立面图上进行热力的再可视化。从数据和可视化两个维度优化了传统的眼动技术分析模块，有助于设计师们从三维空间进行设计，跳脱传统的二维限制。

7.5.2.2 实践应用的局限性

该视线测度的方法缺乏从眼动分析软件中直接对接的途径，需要基于 SketchUp 进行视线模型的人工搭建，以及通过 SketchUp 的测量工具进行数据的人工统计，再使用 SPSS 进行数据的分析处理。在此过程中，人工参与会造成部分的主观偏差，且相比于软件分析，人工处理更耗时。希望未来能有学者根据本章提供的视角，设计出合适的建模软件底层的编码，将眼动数据与三维模型更好地衔接起来。未来还可以结合 VR、MR 等相关仪器，更直接、高效地测量视线与环境的关系。

7.5.2.3 街道景观感受的提升建议

人们对街道的步行感知离不开视线的参与，基于眼动技术所拓展的空间兴趣区、视觉方向角、空间视距的测度，本章提供了一种街道三维空间内的量化方式（图 7-11）。以公行道为例，影响步行体验的是街道的开敞度，改造前后通过视线的相关统计，验证了开敞度被有效提升，且更多注意力被分配至具有风景信息的界面上。结合被试对于场景宜人性、舒适性、开敞度的打分情况，当风景信息和围墙层次丰富时，评价分数更高，更受人喜爱。

这给我们提供了街道步行感知的提升建议：①街道优化过程中，注重人视线的关注区域，合理增加风景信息。可在开敞度较弱的街道进行透绿的设计，增加空间的层次性，同时提升绿色占比，提升开敞度同时满足舒适度。②优化街道的空间要素时，可以通过空间兴趣区、视觉方向角、空间视距的测度对现状空间的最佳注视区域进行识

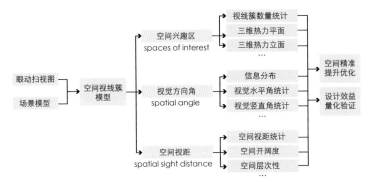

图 7-11　基于眼动的视线测度的作用模式
图片来源：熊睿雨绘制

别，再进行精准的设计提升。在建成后也能验证其提升效果，为设计
提供可量化的数据参考。

参考文献

[1]　丁文魁 . 风景科学导论 [M]. 上海 : 上海科技教育出版社 , 1993.

[2]　黄世孟 . 场地规划 [M]. 沈阳 : 辽宁科学技术出版社 , 2002.

[3]　芦原义信 . 外部空间设计 [M]. 尹培桐 , 译 . 北京 : 中国建筑工业出版社 , 1985.

[4]　SIMPSON J. Three-dimensional gaze projection heat-mapping of outdoor mobile eye-tracking data[J]. Interdisciplinary Journal of Signage and Wayfinding, 2021, 5(01): 62–82.

[5]　刘翔 . 园林景观空间组织的视觉性解析初探 [D]. 咸阳 : 西北农林科技大学 , 2008.

[6]　SIMPSON J, FREETH M, SIMPSON K J, et al. Visual engagement with urban street edges: insights using mobile eye-tracking[J]. Journal of Urbanism: International Research on Placemaking and Urban Sustainability, 2019, 12(03): 259–278.

[7] 赵烨，王建国 . 滨水区城市景观的评价与控制——以杭州西湖东岸城市景观规划
      为例 [J]. 城市规划学刊 , 2014(04): 80–87.

[8] 李云芸 . 城市风景湖泊空间视觉景观规划研究 [D]. 南京 : 南京林业大学 , 2006.

后 记

　　本书是笔者及科研团队近年来面向街道更新展开的眼动追踪系列实验的部分研究成果汇总。

　　街道更新的眼动追踪实验，比我们开始预料的要难做很多。尤其是第三部分和实践结合的循证设计，这三个实验从 2020 年 5 月开始和同济规划院城景所一起讨论、筛选合适的项目。一方面从实践考虑，需要实践决策的问题具备一定的典型性和普遍性，同时不能是"不用做研究凭常识也知道"的问题；另一方面从研究考虑，需要科学问题足够明确清晰，科学切入点切实准确（实践关心的现象背后本质上是注意力及其引导）。所以我们直到同年年底才确定下来合适的项目和切入点。由于一些限制原因，我们不得已把现场和虚拟结合的实验全部改成了虚拟实验。从 2021 年 1 月开始，我们以平均每周一次的频率讨论实验设计。面向设计目的的注意力引导的实验设计比传统科研的正交实验设计难太多了。我们首先从设计师的视角梳理了项目各方面的相关背景，对空间关系进行建模分析；其次从实验控制的角度，对设计方案进行调整；最后设计表现、引导语措辞、实验任务设计等需要反复推敲，只有当实验参与者有很强的代入感，做接近日常生活的任务（而不是回答抽象复杂的量表）时，才能真实准确地反映他们的环境注意力，场景细节的表达程度、视角视距的选取都需要尽量贴近真实，同时还需要排除与实验目的不相关的干扰，以获得最真实的注意力数据。在经过数轮修改后，我们在 2021 年暑假进行了第一组实验，对初步结果分析部分调整后，又在寒假进行了第二组实验。

科研团队参与本书的项目筛选、实验设计、数据采集与分析以及写作的人员及其任务如下：

陈筝承担了第 1、2 章的写作，其中李晔协助了图片的整理和文字的润色。

陈奕言和陈筝承担了第 3 章的实验设计、数据采集分析和写作，杜明提供了实验中用到的部分详细街道建模。

陈奕言和陈筝承担了第 4 章的实验设计，陈奕言承担了数据采集分析和写作，陈筝在此基础上进行了修改调整。

金伊婕和陈筝承担了第 5 章的实验设计、数据分析和写作，金伊婕和李晔承担了数据采集，奚婷霞、匡晓明承担了设计实践，并参与了文字的润色。

刘昆和陈筝承担了第 6 章的实验设计、数据分析和写作，刘昆和金伊婕承担了数据采集，奚婷霞、匡晓明承担了设计实践，并参与了文字的润色。

李晔和陈筝承担了第 7 章的实验设计，李晔和金伊婕承担了数据采集，熊睿雨、李晔和陈筝进行了数据分析，熊睿雨和陈筝完成了稿件的写作。

本书最终能够顺利出版，首先要由衷感谢同济大学软件学院计算机系罗烨老师及其团队的大力支持，他们帮我们实现了头戴眼动仪注视内容的自动识别；感谢同济大学建筑系林怡老师及其团队对第二部分现场实验的支持，以及上海市黄浦区绿化和市容管理局灯光景观管理所陶震所长的丰富经验和犀利洞见。其次要感谢同济大学出版社的编辑耐心、专业的审稿和校对，她们辛勤的付出让本书最终顺利出版。最后要感谢国家自然基金对我和环境智能健康设计分实验中心的信任和资助，本书的系列研究最终顺利完成。

　　本书所呈现的还是一次非常粗浅的尝试。仓促之间，无论是实验设计、数据分析还是写作都留下了很多的遗憾和不足。我们希望能够用这本书抛砖引玉，让更多的实践者、管理者和研究者关注到眼动追踪及其在空间设计应用研究中的价值，一起推进空间设计决策的科学性和严谨性。我在博士期间做风景园林实践的科学性调查时，一位美国风景园林师协会（American Society of Landscape Architects）会员的评论非常触动我："我们不能指望我们的设计**可能**会有效，我们需要知道它**一定**会有效。"（We should not only hope our design MAY work; we need to know it WILL work.）如果我们做不到，在残酷的现代职业竞争中，很可能会有其他做得到的学科取代我们。这种惶恐和不安，一直推动着我继续寻找空间设计尤其是风景园林具有竞争力的知识核心，并为此贡献自己绵薄的力量。

陈筝及其科研团队

同济大学高密度人居环境生态与节能教育部重点实验室

环境智能健康设计分实验中心

2022 年 10 月 1 日